克隆植物凤眼莲的入侵生物学研究

李卫国　著

Eichhornia crassipes

WUHAN UNIVERSITY PRESS
武汉大学出版社

图书在版编目(CIP)数据

克隆植物凤眼莲的入侵生物学研究/李卫国著.—武汉：武汉大学出版社,2020.10

ISBN 978-7-307-21661-7

Ⅰ.克…　Ⅱ.李…　Ⅲ.凤眼莲—侵入种—研究　Ⅳ.Q949.71

中国版本图书馆 CIP 数据核字(2020)第 128544 号

责任编辑:胡　艳　　责任校对:汪欣怡　　版式设计:马　佳

出版发行：**武汉大学出版社**　(430072　武昌　珞珈山)

(电子邮箱：cbs22@ whu.edu.cn　网址：www.wdp. com.cn)

印刷:广东虎彩云印刷有限公司

开本:720×1000　1/16　印张:9.5　字数:130 千字　插页:1

版次:2020 年 10 月第 1 版　2020 年 10 月第 1 次印刷

ISBN 978-7-307-21661-7　定价:38.00 元

前　言

随着人类活动对自然界影响的日益加剧，生物物种原有的地理分布格局被打破，一些植物可以借助人类活动，跨越自然所不能逾越的空间障碍到达新的地区，并在引入地区生长繁殖、建立种群，甚至在引入地区爆发性生长，导致生物入侵。生物入侵已成为当前全球显著的变化之一，往往会导致入侵地区生物多样性的降低，破坏生态系统的组成和功能，造成巨大的经济损失等一系列严重的后果，已成为生物学和生态学研究所关注的热点。

凤眼莲(*Eichhornia crassipes* (Mart.) Solms)是原产于南美洲的雨久花科凤眼莲属的漂浮水生植物，作为观赏植物被引入很多国家和地区，由于其快速克隆生长的特性，现在已经成为全球范围广泛分布的入侵植物。凤眼莲的入侵常导致入侵地区生态系统的生物多样性下降、自然景观破坏、农业生产受影响等许多严重后果，因此它被认为是世界上危害最严重的十大杂草之一。凤眼莲于1901年作为观赏性植物首先被引入到我国台湾地区，20世纪30年代作为畜禽饲料引入我国其他各省，并作为观赏和净化水质的植物推广种植，后逃逸为野生。现广泛分布于华北、华东、华中和华南的大部分地区，尤以长江以南分布面积较大。凤眼莲的克隆繁殖能力极强，往往在水体泛滥成灾，常形成大面积的单优群落，占据大范围水域，造成河流和湖泊等水域生态系统功能失调和本地种大量灭绝，破坏水体的生物多样性和生态系统的功能，影响农业和渔业生产，阻塞航运交通，造成巨大的经济损失。凤眼莲已成为世界广泛分布的入侵种，其对环境的适应性是其成功入侵的关键。因此，对凤眼莲入侵生物学的研究，不仅有助于全面了解外来植物入侵的适应机制，而且可为制定科学有效的防控对策提供指导。

本书以作者博士学位论文为基础，收集前人大量的研究成果并加以分析，最终撰写而成，着重介绍了作者在外来克隆生长植物凤眼莲的遗传变异及生理适应等方面的工作与成果。本书对入侵种凤眼莲与本地种鸭舌草的遗传结构进行了比较分析，研究了凤眼莲应对光照和氮素营养的形态和生理可塑性表现、应对铵盐胁迫的生理反应以及异质环境下克隆整合，旨在从遗传分化和表型可塑性两个方面探讨凤眼莲成功入侵的生物学基础。与本地种杂草鸭舌草比较，入侵植物凤眼莲具有极低的遗传多样性，这与其引入历史以及克隆繁殖方式有关，存在明显的“奠基者效应”；凤眼莲响应光照和氮素营养，表现出极强的形态和生理可塑性，特别是在充足的光照和氮素营养条件下，光合速率加快，氮素同化效率高，凤眼莲高效的碳氮同化效率是其快速生长的生理基础；凤眼莲对硝态氮吸收利用存在一定的偏好性，并且对铵态氮也表现出较强的耐受能力，是其硝酸还原酶、谷氨酰胺合成酶、谷氨酸脱氢酶等氮素同化酶协同作用的结果，凤眼莲对逆境的耐受能力是其生物入侵的一个主要原因；凤眼莲在异质氮素环境下，表现出不同程度的克隆构件间的资源共享与生理整合，氮素异质化程度和光照增强明显促进克隆植物的生理整合强度，凤眼莲克隆构件之间的资源共享与生理整合在凤眼莲快速生长与种群扩张过程中发挥着极其重要的作用。

作者在研究工作中得到了导师王建波教授的精心指导，得到了王炳锐、王庆东、沈晶晶、龚汉雨、钟兰、徐延浩、谭超等的大力帮助。在此，作者真诚地对他们表示感谢。本书有关内容的研究和最后的出版，得到了国家自然科学基金项目(30170177、31370434)的资助。

由于作者知识水平有限，书中难免存在疏漏和不妥之处，敬请读者批评指正，并提出宝贵的意见。

李卫国

2020年6月

目　　录

第1章　引　　言

1.1　外来种与生物入侵

随着人类活动对自然界影响的日益加剧，生物物种原有的地理分布格局被打破。那些借助人为作用超越其扩散范围，跨越自然所不能逾越的空间障碍，到达新的地区生长繁殖并建立种群的物种，称为外来种(alien species)。其中，在引入地区爆发性生长失去控制的外来种，称为入侵种(invasive species)。入侵种泛滥成灾，造成经济损失，形成生物入侵(biological invasion)。生物入侵被认为是当前全球显著的变化之一，生物入侵往往会导致生物多样性的降低，破坏生态系统的组成和功能，造成巨大的经济损失等一系列严重的后果，成为生物学和生态学研究所关注的热点(Vitousek 等，1997；Mack 等，2000；Kolar 和 Lodge，2001；Shea 和 Chesson，2002；MacDougall 和 Turkington，2003)。

1.2　外来植物入侵的过程

外来植物从其原产地转移到入侵地区，并不是刚一进入引入地区的生态系统就表现出其入侵性，而是经历了一个较为复杂的链式过程，通常，外来植物入侵可分为引入阶段、定居与种群建立阶段、停滞阶段以及种群扩散和危害阶段这四个阶段(Sakai 等，2001)。

1.2.1 引入阶段

引入是指入侵生物通过有意引入或者偶然带入，克服地理障碍，从原产地到达一个入侵地区的过程。引入是植物入侵成功的前提，根据引入途径不同，可分为有意引入和无意带入。例如，人们出于观赏、环保、提高经济利益为目的有意引种，由于引种不当，使之成为有害的入侵植物。在我国已知的入侵植物中，超过50%的种类是有意引入的结果。除了有意引入以外，也有许多入侵植物是无意引入的，例如豚草和三裂叶豚草的引入便是种子通过口岸进入我国的，而紫茎泽兰则是从中缅、中越边境自然扩散入我国的，气流和水是自然扩散的途径之一(丁建清，1998；祖元刚和沙伟，1999)。

1.2.2 定居与种群建立阶段

在引入地区，外来种的命运有两种，一种是外来种不能适应当地的环境，或受到本地种的排斥，种群不能自我维持；另一种情况则相反，外来种在当地建立了可自我维持的种群，为以后的扩散和蔓延提供了必要的准备。

1.2.3 停滞阶段

很多入侵种到达入侵地区建立种群后，并不是很快就能扩散和产生危害，而是会呈现一段相对较为平静的时期，这一阶段通常称为生物入侵过程中的停滞阶段。在停滞期内，外来种虽然在一定的时间、一定的区域，能维持一定的种群数量，但并没有形成“暴发”的态势。例如，薇甘菊早在20世纪80年代初就传入我国广东，但直到近几年，它才开始造成危害，并为人们所关注(王伯荪等，2003)。因此，在外来种建立种群到种群扩散产生危害，往往要经历一个较为漫长的时期。但也有的入侵植物在入侵过程中停滞期较短，这可能是因物种不同而存在的差异。

1.2.4 种群扩散和危害阶段

入侵生物已基本适应新的生境并经过停滞阶段，种群发展到一定数量，具有合理的年龄结构和性别比例，具有快速增长和扩散的能力，物种开始大规模地传播蔓延，形成生态暴发，导致生态与经济危害。Williamson 和 Fitter(1996)提出，到达某一地区的外来种仅有约 10%的物种可以发展成偶见种群(casual population)，偶见种群能发展成建成种群(established population)的概率亦约为 10%，建成种群能最终成为入侵种(invasive species)的概率也只有 10%。可见，一个地区所有外来植物最终成为有害杂草(pest weeds)的只有约 0.1%。这一经验规律被称为“十数定律”(ten rule)。

1.3 外来植物入侵的机制

植物外来种的入侵是一个动态的、连续的过程，受到许多因素的制约和影响，成功的入侵植物不仅依赖于自身的生物学特性以及对环境的适应能力，也与被侵入系统的结构特征有着密切的关系，这些因素对于外来种植物入侵起着至关重要的作用。根据外来植物成功入侵因子特点，可将影响植物入侵的因素分为外部环境因素和自身特性，植物入侵是内因(自身特性)和外因(外部环境)相互作用的结果。

1.3.1 影响外来植物入侵的外因

入侵地的自然环境特征决定了外来种能否在入侵地定居、扩散，以及在新的生态系统中能否生长和繁衍，影响外来植物入侵的外因主要有光照、营养状况、温度等生态因素(彭少麟等，1999)。

1.3.1.1 光照

光照是影响外来植物入侵的主要因素之一。在群落覆盖度高的区域，只有那些耐阴性的物种可能入侵存活。当栖息地受到干扰、透光率增强时，阳生植物才可能入侵存活，与本地种竞争，争夺光源，进一步可能成为优势种。

1.3.1.2 营养

生态环境中的营养分布对植物的丰度和群落的组成都有很大的影响(Huenneke等，1990)。外来植物能否成功定居，与其所处生态环境中的营养状况有着密切的关系，植物外来种多出现在基质所含营养物质丰富的环境下。Davis等(2002)通过实验及长期监测发现，可利用资源的波动是决定外来植物可入侵性的关键因素。如水体富营养化日益严重，水体中供植物可利用的营养增加，而导致外来种植物如空心莲子草、凤眼莲等物种泛滥成灾。而在贫瘠的生长环境中，只有适应性较强的物种才能定居和生长，如 *Myrica faya* 入侵夏威夷缺氮元素的火山，通过固氮增加土壤含氮量，促进其他外来植物的协同入侵(Ansner等，2005)。

1.3.1.3 温度和 CO_2

温度是限制植物分布的重要因子之一，同样也限制着外来植物的入侵。中国南方地区，由于常年气温高，植物生长不受极端低温的制约，外来种出现或入侵概率大，随着植物体常年生长，进行无性和有性繁殖，排挤本地植物类群而成为优势种。植物入侵地区的温度与原产地温度相适宜，植物入侵的可能性会增加。CO_2浓度是另一个影响植物入侵的主要因素，大气 CO_2浓度的升高会促进植物入侵。随着全球气候变暖和大气 CO_2浓度的升高，植物外来种的分布也将会更广泛(Vasseur 和 Potvin，1998；Ziska，2003)。

1.3.1.4 干扰

生态系统的干扰对植物入侵有着巨大的影响，有实验证据表明干扰越强烈，入侵越易发生，干扰容易在群落中形成空的生态位，降低了这些区域的土著生物群落对入侵的抵抗力，使外来种易于进入定居（Alston 和 Richardson，2006）。Sala 等(2007)在研究中发现，入侵植物 *Oxalis pescaprae* 并未体现出优于本地种 *Lolium rigidum* 资源竞争优势，而是与人们农事活动的耕作有关。

1.3.2 入侵植物的特性

植物外来种的入侵除与生态因子有关外，也与其自身特性有着密切的关系。外来种的自身特性对入侵、生存和扩散极为重要，入侵植物往往表现出适应性和耐受能力强的显著特点（徐承远等，2001）。有的植物外来种在不利的条件下，可以维持自身的生存，一旦条件适宜，可能迅速扩张，而成为有害入侵植物。归结起来，入侵植物往往具有如下一些特性：

1.3.2.1 快速繁殖扩散的能力

入侵种从传入到暴发成灾，是在一定的个体密度下，通过繁殖促使种群数量激增而成为优势种的，因此繁殖特性是决定种群快速构建的重要因素。入侵性强的物种都有极强的繁殖力，能迅速产生大量后代，如强的克隆繁殖或者自交繁殖特性。一般植物具有生活史较短、开花期长、种子数量较大、体积较小、易于传播、存活时间较长、能进行无性繁殖、幼苗生长快速等特征(Baker，1965；Grottkopp，2007)。

1.3.2.2 对资源的竞争能力强

外来种进入一个新的生态系统，需要重新建立与环境因子如光、温度、湿度、水、营养等非生物因子，以及与捕食、竞争等生物因子的相互关系。其中，种间的竞争作用是外来种成功入侵的入侵机制之一。研究发现，成功入侵的外来种在新栖息地的环境条件下竞争能力往往强于处于相似生态位的本地种，在这种情况下，外来种可以通过排挤本地种而获得成功。Warwick 等（2005）在研究入侵澳大利亚的外来植物

Nassella trichotoma 时发现，外来种比本地种具有更高的氮素利用效率，因此表现出明显的氮素营养的竞争优势。此外，入侵植物在对光能的竞争方面也常常处于优势地位，入侵植物的光合特性(如强的光合效率)可能与其入侵性有关(Williams 和 Black，1993；Pattison 等，1998)。

1.3.2.3 生态适应的广谱性和更大的生理耐受性

生物的生存和繁殖依赖于各种生态因子的综合作用，生物对每种生态因子都有其耐受范围，但其中必有一种或少数几种因子是限制生物生存和繁殖的关键性因子，即所谓的限制因子。生物对生态因子尤其是限制因子的耐受限度决定了其分布范围和种群数量。但是，生物对生态因子的耐受范围不是固定不变的。入侵生物与土著生物相比较，明显地具有更大的生理耐受性和更强的生命力，它们通过生理适应或行为适应表现出对新生境的更广泛的生态适应性(Hertling 和 Lubke，2000)。有研究发现，入侵植物对于生态环境的干扰有很强的抵御能力(Wilson 等，2007)，并且这在入侵植物的入侵地和原产地的比较研究中也得到了证实，Saltonstall 和 Stevenson(2007)在研究入侵地和原产地水生植物入侵种 *Phragmites australis* 中发现，入侵地较原产地在高营养条件下更有明显的生长优势。

1.4 入侵植物对环境的适应性策略

一种外来植物在远离原生境后要迅速占据新的生境，并不断扩展分布范围而成为入侵种，必然有一定的生物学基础，即对异质生境较强的适应对策、快速的繁殖机制、高效的散布机制和强大的竞争能力。这些机制之间相互影响、相互作用，共同促成外来植物的成功入侵。表型可塑性和遗传分化是外来入侵植物对生境异质性的两种适应策略(耿宇鹏等，2004)。在入侵初始阶段，由于奠基者效应，入侵种群的遗传多样性比较低，表型可塑性成为入侵种占据多样化生境的重要策略。但在入侵成功之后，外来入侵植物便很快通过变异来提高自身的遗传多样性，以适应更为复杂的生境。应该指出的是，表型可塑性和遗传分化是互补而非矛盾的两种策略。例如，作为当地生态系统中的优势种，*Metrosideros polymorpha* 在夏威夷占据了广布而多样的生境，并且表现出明显的形态和生理变异。Cordell 等(1998)发现，包括生态生理和解剖学性状在内的表型变异均是表型可塑性的结果，而叶片形态等特征则有确定的遗传基础，并且表现出对特定环境的适应。因此，*Metrosideros polymorpha* 的成功入侵是表型可塑性和遗传分化共同作用的结果。

1.4.1 表型可塑性

表型可塑性被认为是环境对植物基因型表达的修饰，即同一基因型由于环境的改变在表型上做出的相应变化，是生物适应环境的一种方式。表型可塑性的适应意义至少表现为以下两点：第一，表型可塑性是生物适应变化的环境的重要方式；第二，表型可塑性对于生物的分布有重要的意义。表型可塑性使得物种具有更宽的生态幅和更强的耐受性，可以占据更加广阔的地理范围和更加多样化的生境，即成为生态位理论中的广幅种(Sultan，2001)。许多研究表明，入侵植物是通过表型可塑性来增强物种入侵能力的(Williams 等，1995；Meekins 和 Mccarthy，2000；Mal 和 Lovett-Doust，2005；Poulin 等，2007)。表型可塑性能够拓宽外来种的生态幅，因而也扩展了其可利用的潜在资源(Sultan 和 Bazzaz，1993)。尤其在变化的环境中，表型可塑性有利于生物获得更多的营养和占据更加多样化的生境，因而使外来入侵种与土著种相比，获得选择上的优势。对于新近引入的外来种或者处于扩张中的入侵种来说，表型可塑性可以缓冲甚至在一定程度上屏蔽新生境造成的选择压力，使得种群不至于因大量个体被淘汰而导致种群数量急剧下降。一方面，从生态角度来看，可以避免成为脆弱的小种群，降低种群灭绝的风险。事实上，许多广布性入侵物种都可以进行无性繁殖或者自交，种群内遗传变异很低。尽管如此，入侵性植物常常在广阔的地理范围内分布，占据了多样的生境。有研究表明，在入侵和扩散过程中，如果入侵种具有强大的表型可塑性，则可以弥补遗传多样性低所带来的不足，减小对生态型分化的依赖，从而适应多变异质的生境(Wang 等，2005)。因此，可以推测，表型可塑性在这些遗传多样性很低的外来物种尤其是那些克隆植物的入侵和扩张过程中可能起到了关键的作用。例如水生外来种植物空心莲子草能生长在静水、流水、中生和旱生等生境类型中，其茎和叶片解剖结构在不同生境中均表现出较大的差异。它在干旱生境中具有旱生性，在水生条件下则表现为水生性的特点，其结构究竟朝哪个方向发展，取决于环境水分条件(潘巧云等，2006)。正是由于这种结构和生理上的可塑性，从而使外来种植物在多样化的生境条件下表现出很强的适应能力。另一方面，入侵植物通过调节其生理功能，使可塑性得以实现。例如，在资源获取方面，一些入侵植物通过增加株高和叶面积、地上部分生物量的分配等形态可塑性反应，以保持较强的繁殖能力(Leicht 和 Silander，2006)。同时，入侵植物具有较强的光能利用效率，有研究表明，植物的光合特性可能与其入侵性有关(Williams 和 Black，1993；Pattison 等，1998)，入侵植物往往有比本地种更快的光合速率和较强的碳素同化能力。因此，入侵植物的生理可塑性也是影响其入侵的一个重要的适应性体现。

1.4.2 遗传分化

种群的进化潜能与种群的遗传分化成比例，具有较大遗传变异的种群往往能够较快速地应答环境变化，从而表现出强的适应性。生物入侵常常伴有随机事件的发生，来源种群的遗传结构对入侵植物影响很大，因此已成为进化生物学的热点问题之一。研究表明，入侵植物遗传特征对其入侵的成功有着深远的影响，如加性遗传变异(additive genetic variance)、显性上位(domainance and epistasis)、杂交与渐渗(hybridization and introgreesion)、遗传权衡(tradeoff)、特殊基因等，都会影响外来植物的入侵进程(徐汝梅，2003)。

入侵植物种群一般由少数引进的个体发展而来，具有显著的奠基者效应和遗传漂变。因此，与原产地种群相比，遗传多样性会降低。例如，段慧等(2005)在研究入侵植物紫茎泽兰(*Eupatorium adenophorum*)种群遗传结构时发现，其遗传多样性较高，在扩增的509个遗传位点中，有398个多态位点，多态位点百分率为66.43%。最早入侵云南省的紫茎泽兰遗传多样性最为丰富、变异最大，新入侵地区的遗传多样性则相对较低，可以找到明显的种源地的地缘性亲缘关系。而有些外来植物一旦入侵成功，便会通过变异来提高自身的遗传多样性，以适应更为复杂的生境，这在一些研究中得到了证实(Ellstrand 和 Schierenbeck，2000)。Lavergne 和 Molofsky (2005)在研究入侵美国的杂草 *Phalaris arundinacea* 时发现，在入侵地区的遗传多样性高于起其在原产地的遗传变异水平，表明经多次从原产地引入过程，不同基因型之间发生交换重组而导致了新的基因型的产生，缓解了引入过程中的遗传瓶颈效应，而表现出更大的进化潜力和极强的适应能力。还有一些入侵植物通过与本地种杂交与基因渐渗的方式增加适应性，如入侵北美的野生萝卜(*Raphanus sativus*)是杂交起源，它是栽培种萝卜和一种本地杂草(*Raphanus raphanistrum*)引入后杂交产生的后代，目前已经成为一种危害极为严重的入侵植物(Elam 等，2007)。由此可以看出，外来植物的遗传分化对其适应新环境有着重要意义。

1.5　克隆植物与克隆生长

克隆植物几乎存在于所有类型的生态系统中，并在许多生态系统，如草原、湿地和水域中，占据优势地位，发挥着举足轻重的作用。许多匍匐茎型和根状茎型克隆植物，能够占据扰动和人造的环境，成为生态系统的重要组分(Grace，1993；Klimes 等，1997)。它们的存在深刻地影响生态系统的结构和功能，影响群落的生物多样性和稳定性，在群落的演替过程中起着不可缺少的重要作用。入侵性最强的植物如凤眼莲、喜旱莲子草、飞机草(*Eupatorium odoratum*)、薇甘菊(*Mikania micrantha*)和大米草(*Spartina anglica*)均为克隆植物，有研究表明，植物的克隆繁殖特性对植物入侵起着非常重要的作用(Myers和Bazely，2003)。Pysek(2003)发现，克隆植物有利于固定入侵性的基因型，这些超级基因型在植物入侵过程中发挥了重要作用，Reichard和Hamilton(1997)通过研究入侵美国的入侵植物也发现了植物的克隆繁殖加快了其入侵的进程。Maurer和Zedeler(2002)发现，克隆植物能通过克隆构件之间的生理整合为分株提供资源增加资源利用，从而更加有利于入侵。然而，Peltzer(2002)在调查入侵种克隆植物*Populus tremuloides*时却时发现，克隆整合未必能提高入侵种的竞争优势。由此可见，植物的克隆繁殖与入侵之间的关系可能因物种的不同而有所不同。克隆生长赋予克隆植物许多特有的性质，如活动性、持久性、跨越时间和空间的扩展及繁殖能力，同一基因型内资源共享与风险的分摊(Cook，1983；Dong，1995；董鸣，1996)，通过顶端优势减小克隆内竞争，迅速吸收有限资源并储备，供将来使用(Jonasson，1989)。克隆植物有别于非克隆植物的这些特性，可能在其生物入侵过程中发挥着关键作用。

1.5.1 克隆基株、克隆分株和克隆片段

克隆植物(clonal plant)，从广义上讲，是指在自然环境条件下具有克隆性的植物；而不具有克隆性的植物则称为非克隆性植物(non-clonal plant或aclonal plant)(Silander，1985)。狭义地讲，克隆植物仅指具有克隆生长习性的植物；相应的，非克隆植物则指不具有克隆生长习性的植物(Cook，1983；van Groenendael和de Kroon，1990；董鸣，1996)。克隆植物也能经有性生殖(sexual reproduction)过程产生合子(种子)。合子在适宜的条件下萌发形成幼苗(实生苗)，并进一步通过克隆生长产生多个具有(潜在)独立性的生理学(physiological individual)/形态学个体(morphological individual)。这些由一个合子衍生而来的所有生理学/形态学个体的总和，称为一个克隆基株(genet)或一个遗传学个体

(genetic individual)。组成克隆基株的生理学/形态学个体，称为克隆分株(ramet)。因此，克隆生长实际上是指基株的生长，是基株在水平空间散布其分株的过程。克隆基株最初由一个生理学/形态学个体即实生苗组成。而伴随克隆生长，在以后的生活史阶段，克隆基株将是由多个发育上重复、遗传结构一致的克隆分株组成(董鸣，1996)。克隆植物在其生活史的大部分阶段，基株和生理学/形态学个体是不同的，它是以分株为单位的克隆构件(clonal modularity)的总称(Harper，1986；Yu和Dong，2002)。克隆基株的每一个独立分株，又具有与非克隆植物相似的有机体构件性。克隆植物的双重构件性是其区别于非克隆植物的最主要的特征之一(董鸣，1996)。由克隆基株的任何一个独立分株经克隆生长形成的一组相对独立或具有潜在独立性的分株，称为一个克隆或无性系(clone)。当一个克隆由相连的分株组成时，称为一个克隆片段(clonal fragment)或分株系统(ramet system)。因此，克隆植物是一个具有分株、克隆片段和基株等层次的等级结构系统(Harper，1986；Vuorisalo等，1997)。野外条件下，克隆植物的一个种群克隆由一个基株的分株构成，也可能由多个基株的分株构成。对于克隆植物种群，同时存在"基株种群"和"分株种群"两种概念，这也是其不同于非克隆植物的一个明显特征(Yu和Dong，1999)。

1.5.2 克隆植物的遗传多样性

基于克隆植物繁殖的特性，早期研究者普遍认为克隆植物的遗传多样性很低，这可能是由于这些研究主要是在形态和细胞水平进行的(夏立群等，2002)。随着等位酶和分子标记技术的发展和广泛应用，越来越多的研究数据表明，克隆植物的遗传多样性水平并不是像早期预料的那么低，甚至一些克隆植物种群有极高的遗传多样性(Ellstrand和Roose，1987；Hamrick和Godt，1990)。克隆植物的遗传变异的来源有以下几个方面：

(1)奠基者的贡献，如果克隆植物种群最初是由多起源的几个不同的基因型个体发展而来的，那么现存的种群就可能是多基因型的，也就会保持较高的遗传多样性(Maki 等，1999)；

(2)幼苗更新(seedling recruitment)，从一定程度上取决于克隆植物有性繁殖的比例，如果克隆植物种群发展的某一历史阶段经历过幼苗更新，则尽管现在观察到的专性克隆植物，也会残留较高的遗传多样性(Spides 和 Wolf，1997)；

(3)体细胞突变，是克隆植物持续变异的来源(Esellman 等，1999)。

1.5.3 克隆植物的可塑性

自然环境中对植物生长至关重要的资源，如光、二氧化碳、水和养分，是呈时间和空间异质性分布的（Jackson 和 Caldwell 1993；Gross 等，1995)。克隆植物的形态，尤其是决定克隆分株在水平空间内放置的形态学性状，能够对资源水平发生反应，而且也能对环境条件发生反应(Hutchings 和 de Kroon 1994；de Kroon 和 Hutchings 1995；Yu 和 Dong 1999)。这种克隆形态可塑性使得克隆植物能够改变其克隆构型，对营养的获取有重要意义(Yu 等，2002；Magyar 等，2007)。当相互连接的克隆分株处于具不同资源水平的小生境内，克隆形态的局部和非局部反应将共同决定小生境内间隔物的长度和分枝强度，以及资源分配，从而有可能将较多的摄食位点(即资源吸收的器官)选择性地放置到资源较丰富的小生境内。并且也可能使在不同生境中的克隆分株(摄食位点)形成有利于资源吸收的功能形态，即“分工”(labour division)。因此，与动物的觅食行为相似，植物的这种反应增加了把分株放置在有利斑块中的机会。Cheplick(2006)对入侵植物 *Microstegium vimineum* 的研究表明，调节构件之间的生物量分配格局保证了其适合度的最大化。

1.5.4 克隆内分工

克隆植物的相连分株能有效获取生长和繁殖所必需的地上资源(如

光照)和地下资源(如水分和养分)，伴随克隆内资源的相互传递(共享)而实现的分株的功能特化，称为克隆内分工(intraclonal division of labour)(Alpert 和 Stufer 1997；Stufer，1998)。生物量最优分配定理以及长期以来的植物生态学研究表明，非克隆植物个体对环境资源水平的反应常常为“趋贫特化”(specialization for scarcity)，就是将相对多的生物量投向吸收缺乏资源的器官或部分。当克隆植物相连分株生长在相关资源相反斑块性环境的不同斑块内时，克隆内分株间的分工行为可能会发生变化。分株对自身所处斑块内资源水平的反应格局却呈现“趋富特化”(specialization for abundance)，就是将相对较多的生物量投向吸收比较丰富资源的器官或部分。这样，生长于相关资源相反斑块环境的不同斑块中的相连分株在资源吸收的结构和功能上发生了分工，例如，在高光照、低土壤养分条件下，分株特化地吸收和同化地上光资源；相反，在低光照、高土壤养分条件下，分株特化地吸收地下的养分(Alpert 和 Stufer，1997；Stufer，1998)。因此，特化地吸收斑块内的丰富资源能够极大地提高植物对资源的吸收效率。克隆植物的克隆内分工有利于整个基株或克隆片段对异质性环境的利用。

1.5.5　克隆植物的生理整合

植物生理学研究揭示出，相互连接的植物部分之间存在由维管系统实现的物质(如资源、光合产物)的转输。这种转输是沿植物的源-汇梯度进行的(Pitelka 和 Ashmun，1985；Marshall，1990；Roiloa 和 Retuerto，2006a)。由于维管系统的不均匀性和库-源关系的相对局部性，所以同一植株各部分在生理学上的联系是不均等的。生理学上相互密切联系的植物部分形成相对生理整合单位(integrated physiological unit，IPU)。同一植株内，可有一个以上的生理学整合单位。当相互连接的克隆分株处于资源水平不同的小生境中时，克隆分株间将存在一个资源水平梯度。该梯度的存在将改变固有的源-库关系，使从某一资源丰富的小生境中吸收的资源能够被该小生境以外的其他相连克隆分株共享(resource sharing)(Arpet，1991；Stufer 等，1994)。这种由于处于不同资源水平小生境中而产生的克隆分株间的物质传输，称为克隆生理整合性。生理整合的强度在不同物种间存在很大的差异，与资源斑块分布异质化程度以及环境平均可利用资源都有着密切的关系(Marshall，1990；Stuefer 等，1994)。许多研究表明，克隆植物构件间的生理整合对克隆植物在异质环境下的生长、发育和功能性状、形态性状的表达起着很大作用(Evans，1992；Hutchings 和 Price，1993；Roiloa 和 Retuerto，2006b)，克隆整合被认为是克隆植物最主要的适应特性之一。

1.6 植物的氮素营养与同化

氮素是植物需求量最大的矿质营养元素，作为植物生长最常见的限制因子，对于植物的生长、发育有着显著的影响。氮素在生态系统中的分布和形态对植物群落以及物种适合度有着很大影响(Aerts 和 Chapin，2000；Choo 等，2002)。生态系统可利用氮素的增加与外来植物入侵有密切的关系，很多入侵植物是嗜氮植物，它们对于环境中的氮素利用和同化的生理可塑性对其成功入侵起着非常重要的作用(Bidwell 等，2006)。当植物应对外界环境氮素资源的变化时，不同部位在形态、生物量分配比例上都会发生相应的改变，其形态上以及生物量的变化都是氮素吸收、运输以及同化等生理代谢过程调控的结果，是环境变化时植物生长特征可塑性与生理可塑性之间的一致表现。虽然形态特征可塑性和生长特征可塑性从整体上反映生理可塑性产生的结果，但生理可塑性是植物对环境影响反应的最直接的表现，加强对入侵植物生理可塑性尤其是对其代谢过程中代谢产物以及代谢关键酶如硝酸还原酶和谷氨酰胺合成酶的研究，有助于了解入侵植物成功入侵的潜在的生理背景。

1.6.1 植物的氮素同化

大部分植物可吸收的氮素形态主要是以铵态氮(NH_4^+)和硝态氮

(NO_3^-)的形式，也可吸收一部分有机氮(Thornton 和 Robinson，2005)。植物吸收NO_3^-是主动吸收的过程，NO_3^-穿过细胞膜被植物吸收，是一个逆电化学势梯度的耗能过程。NO_3^-进入植物体后，主要有以下四种去向：① 被细胞质中的硝酸还原酶(nitrate reductase，NR)还原为亚硝态氮(NO_2^-)后，进一步被同化为氨基酸；② 流向质外体；③ 以NO_3^-的形式贮存于液泡，暂不被同化；④ 进入木质部(肖焱波等，2002)。

在硝酸盐同化过程中，根部摄取的NO_3^-被硝酸还原酶(NR)还原为NO_2^-，接着NO_2^-被亚硝酸还原酶(NIR)还原为NH_4^+，其后NH_4^+再被谷氨酰胺合成酶(GS)转换为有机氮形式——谷氨酰胺(Gln)，Gln 进一步被转换为谷氨酸后，这些氨基酸接着就成为其他氨基酸的供氮体。由于同化过程的中间产物亚硝态氮和NH_4^+可能在相当低的浓度下也会对植物组织产生毒性，因此植物很少在体内累积NO_2^-和NH_4^+这两类物质。

1.6.2 硝酸还原酶

硝酸还原酶(nitrate reductase，NR)是植物体内氮代谢过程中一个重要的调节酶和限速酶，存在于高等植物的根、叶的细胞质中。NR 所催化的NO_3^-还原为NO_2^-的反应是植物体内硝态氮同化的限速步骤，其活性在一定程度上反映了植株的营养状况和氮素代谢水平(肖焱波等，2002；Tischner，2000)。NR 基本上来说有三种存在状态：自由的 NR(有活性)、磷酸化的 NR(pNR；有活性)以及 pNR—14-3-3 复合体(无活性)。这三种 NR 所占的比例主要取决于外在条件。由于Mg^{2+}是 pNR 与 14-3-3 蛋白结合形成无活性复合体的必要条件，所以在有Mg^{2+}存在的情况下，所测得的 NR 活性(包括 NR 和 pNR)较低，称为 NRact；当有 EDTA 存在时，由于Mg^{2+}的存在被排除，所测得的 NR 活性为总 NR 活性，称为 NRmax。而 NRact/NRmax 的比值则被称为 NR 的"激活状态"(Kaiser 和 Huber，2001)。因此，从 NR 的激活状态就可反映出 NR 在转录后水平上的调控情况。NR 对环境条件十分敏感，因此对 NR 进行调控的相关因子很多，光、NO_3^-、CO_2浓度等均会影响其活性，其中硝态氮和光是两个最重要的因素。

1.6.2.1 NO_3^- 对硝酸还原酶活性的影响

对植物而言，NO_3^- 诱导出 NR 活性的现象在不同物种、不同生命形式中广泛存在。在许多物种中，硝酸还原酶蛋白的再合成是硝酸还原酶活性升高的关键（Scheible 等，1997）。NO_3^- 对 NR 的影响只体现在转录水平上，氮的可利用性的不同通常不会改变 NR 的激活状态。缺氮植物中的 NR 蛋白和总 RNA 量都很低，却仍拥有和充分供氮植物一样的 NR 的激活状态(Kaiser 和 Huber，2001)。

植物根、叶中的 NR 的存在对 NO_3^- 的依赖性比较大，NO_3^- 可以诱导 NR 的原因可能是 NO_3^- 诱导 NRmRNA 合成或酶原激活。NR 面对 NO_3^- 所做出的第一步合成反应是相当迅速的，在暴露于 NO_3^- 中的几分钟内，NRmRNA 就能升高 5~100 倍(Long 等，1992)。此反应甚至能在蛋白合成受阻时发生，这说明诱导 NR 活性的主要信号是 NO_3^- 而非代谢产物，NR 是一种典型的底物诱导酶。

1.6.2.2 光对硝酸还原酶活性的影响

光是植物体内 NO_3^- 同化的必要条件，光合作用能提供 NO_3^- 同化过程中消耗的能量，以及铵态氮转换为氨基酸时所需的碳骨架等。光对 NR 的调控体现在转录水平和翻译后水平两个方面。在转录水平上，光对 NRmRNA 进行正调控，在光的诱导下，NRmRNA 的积聚量会出现显著提高。而且，光诱导 NR 活性的提高有 1~2h 的滞后期，说明是重新合成了 NR 蛋白(Duke 和 Duke，1978)。光对 NRmRNA 水平的提高可能并非是直接的，其作用可能与光合产物有关。已有的实验证据证明，升高 CO_2浓度则可诱导出高 NR 活性，且 CO_2的这种作用还与供氮形式有关(Larios 等，2001；Matt 等，2001)。糖对 NR 活性也有同样的作用，在暗条件下，只要向叶片供给糖，NRmRNA 的表达就会大大提升，NR

活性也随之升高(Klein 等，2000)。光除了在 NRmRNA 水平上调节 NR 活性外，还在翻译后水平上调节 NR 活性。叶中的 NR 在光下可表现出高活性，而在暗条件下却活性很低。在模式生物中，NR 光下的激活状态为 70%~90%，而暗条件下仅为 10%~30%(Scheible 等，1997)。光的调节与植物体内 NR 的 NRact 和 NRmax 这两种活性状态有关，这两种活性状态之间可以相互转变，使 NR 活性能够发生快速变化。这种改变是通过对 NR 蛋白的修饰实现的。其中，最有可能的机制是 NR 蛋白磷酸化/去磷酸化。高等植物中 NR 活性调控则是通过翻译后酶蛋白的磷酸化/去磷酸化实现的。NR 活性水平与磷酸化水平关系密切，NR 在光下去磷酸化，NR 活性升高，在暗条件下磷酸化，NR 活性降低。其主要机理可能是，NR 蛋白在依赖 Mg^{2+} 的蛋白磷酸激酶的催化下磷酸化后，由特定 14-3-3 蛋白家族的抑制蛋白与磷酸化的 NR 丝氨酸残基结合，通过结合该蛋白而引起 NR 失活。而 14-3-3 蛋白家族的抑制蛋白与磷酸化 NR 的结合需要二价金属离子的存在(Athwal 和 Huber，2002；Lillo 等，2004)。Ca^{2+}、Mg^{2+} 等二价金属离子可以抑制 NR 去磷酸化，而 5'-AMP、无机磷酸、磷酸酯、糖和某些盐类可以促进 NR 去磷酸化(Kaiser 和 Huber，2001；Haba 等，2001)。因而，在 Mg^{2+} 存在下检测 NR 活性时，Mg^{2+} 使抑制蛋白-磷酸化 NR 复合物得以稳定存在，检测到的 NR 活性是去磷酸化的 NR 所表现出来的，即实际 NR 活性值(NRact)；而在检测 NR 活性之前，加入 EDTA 等络合剂可以阻止抑制蛋白-磷酸化 NR 复合物的形成，检测到的 NR 活性是全部的 NR 表现出来的，即最大 NR 活性值(NRmax)。因此，NR 的表达体现出一定的昼夜节律变化(Lillo 等，2001)。NR 活性的最大值一般在光周期早期出现，在光周期后期和暗周期中逐渐下降。

1.6.2.3 硝酸还原酶活性在不同组织中的差异

NR 活性除了受硝酸根离子和光的影响而产生变化外，在植物的不同组织间也存在较大差异。Andrews(1984)在研究中发现，木本植物或温带起源植物硝酸根还原主要在根中完成，而草本植物或热带起源植物硝酸根还原则主要在植物的地上部分完成。Cedergreen 和 Madsen (2003)在研究18种水生植物时发现，根冠的NR活性因物种的不同而存在差异。由于叶片能提供氮素还原所需要的能量和碳骨架，因此叶片被认为具有高的还原效率(Oks，1994)。Gojon 等(1994)曾提出这样一个假说，慢速生长的木本植物，氮素还原主要在根部，而快速生长的草本植物，氮素还原主要在地上部分。并由此得出结论：快速生长的草本植物地上部分硝酸还原酶活性大于根部。这一假说是基于生长形式不同的植物来进行比较的，目前仍然存在争议。有研究表明，在植物的不同发育时期，硝酸根还原在根和叶中分布比例有很大差异，明显受到了碳水化合物和氮素化合物的影响，并且与植物的生长有密切关系(Druart 等，2000)。

1.6.3 谷氨酰胺合成酶

在植物的氮素代谢过程中，谷氨酰胺合成酶(glutamine synthetase，GS)主要催化 NH_4^+ 生成谷氨酰胺的反应，把无机氮转化为有机氮。其中，无机态氮素必须转化成有机氮，如谷氨酰胺和谷氨酸等，才能被植物所利用，因此谷氨酰胺合成酶在植物氮代谢过程中起着重要作用。有研究表明，GS在调节植物氮素吸收、还原以及运输等方面起着重要作用。GS存在两种不同形式的同工酶 GS_1 和 GS_2，分别存在于细胞质和质体部分，又被称为胞质型GS和质体型GS，它们广泛存在于高等植物的根、叶的组织中(Milflin 和 Lea，1980)。一般植物叶片中存在 GS_1 和 GS_2，而在根中主要存在 GS_1。已有报道表明，有少数植物叶片仅存在一种GS同工酶，如烟草、番茄和菠菜只存在 GS_2 一种形式。GS不仅因植物种类不同而呈现不同，而且在植物的不同发育时期以及不同组织和器官也存在较大差异，甚至环境条件的改变也会影响GS的组成和活性(Lea 等，1990)。

1.6.3.1 氮素对谷氨酰胺合成酶活性的影响

大量研究表明，外源氮不仅能促进植物 GS 活性的增加，还可诱导 GS 基因的表达。Zhang 等(1997)观察到外源 NH_4^+ 能诱导根部产生一种 GS 同工酶，也能提高水稻叶片 GS 活性。不同形态的氮素对 GS 活性的影响也是不同的。朱增银等(2006)在研究水生植物时发现，生长在铵态氮营养条件下的苦草，其根和叶的 GS 活性明显高于硝态氮营养条件下的植株。然而，并不是所有植物的基因的 GS 都是由 NH_4^+ 诱导的，硝态氮也能诱导 GS 的表达(Lam，1996)。

1.6.3.2 光照对谷氨酰胺合成酶活性的影响

光照是诱导 GS 基因表达的一个主要因素。Hirel 等(1982)以水稻黄化幼苗为材料，发现连续光照 48h 后，叶片 GS 活性可以达到正常叶片 GS 活性的水平，表明叶片中的 GS 基因表达明显受光的调控。柴印萍等(1994)发现黄化小麦经光照 72h 处理后，GSmRNA 和 GS 活性均有显著增加，并达到正常小麦叶片的水平。有研究表明，光照后 GSmRNA 的增加主要以 GS2 增加为主，GS 总活性的提高，是由于 GS2 活性增加的缘故(Peterman 和 Goodman，1991)。光除了在 GSmRNA 水平上调节 GS 活性外，进一步的研究还表明，在翻译后水平上通过磷酸化/去磷酸化与 14-3-3 结合蛋白作用方式调节 GS 活性(Finnemann 和 Schjoerring，2000；Lima 等，2006)。因此，GS 往往表现出一定的昼夜节律变化(Stöhr 和 Mäck，2001)。

1.7 凤眼莲的生物入侵

1.7.1 凤眼莲的生物学特性

凤眼莲(*Eichhornia crassipes* (Mart.) Solms)属雨久花科凤眼莲属的

漂浮水生植物，又名凤眼蓝，俗称水荷花、水风信子或“猪耳朵”，原产自南美洲。凤眼莲具有无性和有性两种繁殖方式，通常以无性繁殖为主，通过匍匐茎增殖，即从其缩短茎的基部叶腋中横出抽生匍匐枝，匍匐枝伸展到一定长度后，其前端的芽形成一级分株，一级分株不久再生二级分株，进行无性繁殖。凤眼莲也能以种子进行有性繁殖。在凤眼莲入侵地区，由于与传粉昆虫没有建立良好的适应机制，自然授粉几率很低，因此在自然条件下，大部分花不结实，种子不易成熟。即使可以生成种子，由于萌发和幼苗生长的条件(如光照、温度以及养分等)难以满足，实生苗较少(Barrett，1980)。

1.7.2　凤眼莲入侵的现状

凤眼莲起源于巴西亚马逊河流域，在南美其他地区广泛扩散，后被人为引种到其他热带和亚热带地区。到目前为止，凤眼莲已至少分布在62个国家，主要分布在40°N~45°S之间(Howard 和 Harley，1998)。由于其广泛入侵及由此而产生的各种后果，凤眼莲被认为是世界上危害最为严重的十大恶性杂草之一。我国台湾地区于1901年将其作为观赏植物从日本引入。在20世纪六七十年代，凤眼莲在我国农牧业的发展上起到了积极作用，同时也迅速传播扩散；20世纪80年代，凤眼莲对水环境污染的净化起到了较大作用(李振宇等，2002)。凤眼莲现广泛分布于华北、华东、华中和华南的大部分地区，尤在长江以南地区分布面积较大(刁正俗，1989)。

1.7.3　凤眼莲的危害

凤眼莲的克隆繁殖能力极强，加上水体的富营养化日益严重，为其提供了充足的可利用资源，在水体泛滥成灾，常形成大面积的单优群落，占据大范围水域，在有些地区甚至盖度可以达到100%，造成河流、湖泊等水域生态系统功能失调和本地种大量灭绝，破坏水体的生物多样性和生态系统的功能，影响农业和渔业生产，阻塞航运交通，造成巨大的经济损失(李博等，2004)。

1.7.4 凤眼莲的生态适应

1.7.4.1 克隆生长

凤眼莲通过分出匍匐茎，在匍匐茎顶端长成新的分株，往往呈几何级数增长，能够在很短时期内迅速增殖，是植物中生长繁殖最快的物种之一(Watson 和 Cook，1987)。因此，在相同的条件下，与其他水生植物相比，尤其在高营养环境中，表现出极高的生长速率(Reddy 和 Debusk，1984)。凤眼莲在丰富的营养环境中，能快速生出根和叶，从而占据更多的资源，具有明显的竞争和获取资源的优势(Reddy 等，1989)。

1.7.4.2 形态可塑性

凤眼莲在响应外界环境如光照和氮素营养时，表现出较强的形态可塑性，有利于它在一个较长的时期保持高的生长速率(Center 和 Spencer，1981)。Methy 等(1990)研究发现，光强的改变对凤眼莲的形态和生物量分配有着显著影响，当光强降低时，凤眼莲会通过伸长叶柄和加大叶面积来增大对光量子的捕获量。在环境氮营养资源发生改变时，侧根生长表现出形态可塑性(Xie 和 Yu，2003)，尤其在低营养环境下，增加了侧根的生长。由此可见，凤眼莲形态可塑性是其重要的获取资源的适应机制之一。

1.7.4.3 生态幅和生理耐受能力

凤眼莲在很多淡水生境中都能生长繁殖，包括浅水的季节性池塘、沼泽，缓慢流动的水体，以及大的湖泊、水库和河流，这些生境代表了不同理化特征的环境。凤眼莲对水体营养状况适应范围也很广泛，可以是贫营养型湖泊和水库，也可以是富营养化的高度污染水体。当水体中养分充足时，凤眼莲生长可高出水面1.5m（Howard和Harley，1998）。水体中营养浓度对凤眼莲生长的影响很大，其适宜的氮浓度为23～100 mg/L，最适值为40 mg/L；适宜的磷浓度为0.1～40mg/L，最适值为20 mg/L，其N/P吸收速率为5～10mg/L。凤眼莲对环境有较强的耐受能力，因此具有广泛的环境适应性。凤眼莲适宜生长的pH范围为6～9，最适值为6.9～7.0，在高酸性和高碱性水体中，凤眼莲仍能存活。只有pH小于4或大于12时，才对凤眼莲有致死效应(严国安等，1994)。凤眼莲最适生长温度为25～35℃，只有当植物的茎叶全部受到霜害才能导致植株死亡。光照对凤眼莲的生长也有一定的影响，其生长适宜的照度为24000～240000 lx/h。凤眼莲被用以净化水体，对重金属离子有较强的吸收和聚集能力，因而表现出比其他植物更强的对重金属的耐受能力（Paganetto等，2001）。

1.8　本研究的目的和意义

凤眼莲能成为世界广泛分布的入侵种，其对环境的适应性是其成功入侵的关键因素。表型可塑性和遗传分化是外来入侵植物对生境异质性的两种适应策略。目前对于凤眼莲适应性研究主要集中在生物学以及生态学领域，还缺乏从遗传变异的、进化以及生理代谢的角度对其加以研究，揭示其空间尺度上的遗传变异，进而探讨凤眼莲入侵的分布格局、分布动态及其适应环境的变异规律，这些研究有助于深入了解入侵植物克隆繁殖和有性繁殖之间的权衡机制，认识凤眼莲入侵的起源、扩散的机理。凤眼莲具有很强的生长优势，生长速率比有些C_4植物还要高，有研究表明，高的光合速率是其快速生长的生理基础，而实际上，植物的实际光合速率还要受到其他资源(营养和光照)等条件限制，研究不同营养和光照条件下的凤眼莲光合特性和氮素代谢同化效率，有助于进一步揭示富营养化生态环境的背景下凤眼莲的生理可塑性反应对于其成功入侵的贡献。凤眼莲是一种具有克隆繁殖的植物，由于营养在时空的异质性分布，研究入侵种克隆构件的克隆可塑性以及生理整合，有助于进一步了解其在入侵过程中的适应性意义。植物入侵是一个复杂的过程，是一个多种因素综合作用所产生的结果，从不同的角度进行研究，将会使我们更加全面地了解生物入侵的机制，为对入侵植物进行有效的控制提供理论依据。

本研究主要通过对大尺度空间分布的种群凤眼莲遗传结构分析、不同光照和营养条件下的凤眼莲光合特性以及氮素代谢的生理可塑性反应研究，以期达到以下目的：

(1)通过入侵种凤眼莲与本地种鸭舌草种群遗传结构的比较研究，揭示其适应环境的遗传变异水平，探讨凤眼莲入侵的起源与扩散途径；

(2)通过研究不同光照和营养条件下凤眼莲光合特性和氮素代谢的可塑性反应，阐明入侵植物凤眼莲的适应策略；

(3)通过研究异质环境中凤眼莲克隆构件氮素代谢以及营养分配，了解克隆构件之间的源-库联系和克隆整合以及对于适应性的贡献。

第2章　入侵种凤眼莲和本地种鸭舌草的遗传多样性比较研究

遗传多样性是生物多样性的重要组成部分，是生态系统多样性和物种多样性的核心与基础，也是物种的适应性的体现。生物入侵是一个复杂的过程，生物入侵事件常伴随有入侵物种遗传结构的改变，遗传结构的改变对于入侵种在定居后对新环境适应的影响是极其关键的(Carol, 2002)。Schierenbeck 等(1995)在使用等位酶标记研究入侵种和本地种植物遗传结构中发现，外来种植物遗传多样性明显低于本地种植物。随着以 RAPD、ISSR、AFLP 等为代表的分子标记技术的快速发展，对于遗传多样性研究已经深入到基因组水平，在研究入侵植物遗传结构方面得到了广泛应用(Williams 等，1990；Zietkewicz 等，1998；Hofstra 等，2000；Hollingsworth 等，2000；Keller，2000；Walker 等，2003)。由于很多外来植物具有克隆繁殖的特性，在水生生态环境中克隆繁殖则更为普遍(Sculthorpe，1967；Les，1988；Cook，1990)，因此在研究入侵水生植物时，应考虑其种群基因型组成。对于克隆植物种群，其种群大小不能简单以分株数大小来衡量(Ellstrand 和 Roose，1986)，克隆多样性和基株数一直是研究入侵种克隆植物的中心内容之一。

我们用 RAPD 和 ISSR 技术检测我国南部外来种凤眼莲和近缘本地种杂草鸭舌草遗传多样性，目的在于：揭示入侵种凤眼莲遗传多样性水平以及和本地种鸭舌草的遗传结构差异；检测我国南部凤眼莲的基因型空间分布，并探讨入侵我国凤眼莲的来源及扩散途径。

2.1 材料和方法

2.1.1 研究材料与取样地点

本研究的材料主要来自中国南部地区(长江以南地区)，分布于华中、华南、华东和西南等地区的自然种群。2003—2004 年，外来种凤眼莲 6 个种群分别采集于三亚、玉林、昆明、杭州、南昌和武汉，本地种鸭舌草 7 个种群分别分布于三亚、勐腊、富阳、江宁、南昌、长沙和武汉(表 2-1)。从地理位置上看，凤眼莲种群和鸭舌草种群各有两个来自热带地区(凤眼莲，三亚和玉林；鸭舌草，三亚和勐腊)，其余均来自亚热带地区。从地理距离上来看，相同物种种群间距离至少为 240km，最大种群间地理距离可达 4000 km。每个种群所取个体数均在 10 个以上，在同一种群内，鸭舌草个体间的距离不少于 200 m，而对于具有克隆繁殖特性的外来种凤眼莲个体间距离都在 500m 以上。本研究共采集 110 个凤眼莲个体和 98 个鸭舌草个体用于遗传多样性分析，在野外采集材料用硅胶干燥保存直至基因组 DNA 提取。

表 2-1 凤眼莲和鸭舌草种群的分布及采集个体数

种群代码	地 点	经度	纬度	个体数
凤眼莲				
HZ	杭州	120°03′E	30°17′N	16
NC	南昌	115°54′E	28°38′N	16
WH	武汉	114°21′E	30°33′N	25
SY	三亚	109°39′E	18°13′N	20
YL	玉林	110°06′E	22°45′N	14
KM	昆明	102°38′E	25°02′N	22

续表

种群代码	地 点	经度	纬度	个体数
鸭舌草				
FY	富阳	119°55′E	30°04′N	14
JN	江宁	118°40′E	30°32′N	15
NC	南昌	115°54′E	28°38′N	12
WH	武汉	114°21′E	30°33′N	20
CS	长沙	113°04′E	28°11′N	12
SY	三亚	109°39′E	18°13′N	13
ML	勐腊	101°34. ′E	21°30′N	12

2.1.2　基因组 DNA 的提取

本研究参照 Xie 等(2002)的干燥材料小量 CTAB 提取方法。具体如下：

(1)取 0.1g 的硅胶干燥叶片，用液氮充分研磨，迅速分装于 1.5mL 的离心管中。

(2)向 1.5mL 的离心管中加入 600μL 60℃预热的 CTAB 提取缓冲液(含 0.5% β-巯基乙醇)，混匀并于 60℃水浴 60min(中间摇匀数次)。

(3)加入等体积的氯仿-异戊醇(24∶1)，轻轻摇动 60min。

(4)8000rpm 4℃ 离心 10min，取上清。

(5)加入等体积的冰冷的异丙醇(沉淀 DNA)，在-20℃放置 30min。

(6)取出溶液，10000rpm 离心 3min，下有白色沉淀，即为 DNA。

(7)倒出溶液，用 500μL70% 酒精洗涤白色沉淀两次，500μL 无水乙醇洗涤一次，在 37℃烘箱烘干乙醇或自然晾干。

(8)用 200μL TE 溶解 DNA，60℃水浴(溶解 DNA)，加 RNA 酶 20μL，37℃水浴保温 1h，以除去 RNA.

(9)加等体积氯仿-异戊醇(24 : 1)，摇匀分层。10000rpm 离心 10min。

(10)取上清，加入 1/10 体积的 NaAc，加入等体积(约 400μL)的冰冻的异丙醇，放入冰箱-20℃约 30min。

(11)10000rpm 离心 3min，弃上清，用 70%酒精 500μL 洗涤两次，无水乙醇洗涤一次，烘箱中烘干乙醇或自然晾干。

(12)加 TE 溶解，-20℃保存待用。

2.1.3 RAPD 引物和 PCR 扩增

所用 RAPD 引物来自上海 Shangon，为 10 碱基核苷酸随机设计序列。本实验选用了 160 个引物用于引物筛选。凤眼莲 25μLPCR 反应体系经过优化后，包括：10mmol/L Tris-HCl (pH8.3)，50mmol/L KCl，0.001% gelatin，1.5mmol/L $MgCl_2$，dATP、dCTP、dGTP 和 dTTP 各 0.2mmol/L (Promega 公司)，引物 7.5 pmol (Shangon)和 1U 的 *Taq* DNA 聚合酶(Promega 公司)。每个反应体系中含凤眼莲 DNA40-60ng，上面用 50μL 矿物油覆盖避免溶液挥发。本实验采用以下 RAPD-PCR 程序对凤眼莲基因组 DNA 扩增：94℃ 预热 5min；42 个循环 94℃ 1min，36℃ 1min，72℃ 1.5min；最后 72℃ 延伸 10min。鸭舌草 25μL 反应体系包括：10mmol/L Tris-HCl (pH8.3)，50mmol/L KCl，0.001% gelatin，2.5mmol/L $MgCl_2$，dATP、dCTP、dGTP 和 dTTP 各 0.2mmol/L (Promega 公司)，引物 7.5 pmol (Shangon)和 1.5 单位的 *Taq* DNA 聚合酶(Promega 公司)，鸭舌草基因组 DNA 20ng。PCR 反应程序采用：94℃预热 5min；42 个循环 94℃ 1min，37℃，1min，72℃ 1.5min；最后 72℃延伸 10min。样品进行扩增，在筛选随机引物时，从武汉种群中随机选取 6~8 个基因组 DNA 样品为模板，反应程序按照上述程序用不同的引物进行扩增，并做一次重复，选取含 4~10 条带、位点清晰、重复性好的作为正式扩增引物，RAPD 程序共筛选出 25 和 28 个随机引物分别用于凤眼莲和鸭舌草基因组的扩增(表 2-2)。

表 2-2　　**用于扩增凤眼莲 6 个种群的 RAPD 和 ISSR 引物**

RAPD Primer	Sequence (5′→3′)	ISSR Primer	Sequence[a] (5′→3′)
S204	CACAGAGGGA	811	$(GA)_8C$
S206	CAAGGGCAGA	824	$(TC)_8G$
S208	AACGGCGACA	825	$(AC)_8T$
S220	GACCAATGCC	830	$(TG)_8G$
S228	GGACGGCGTT	835	$(AG)_8YC$
S234	AGATCCCGCC	836	$(AG)_8YA$
S235	CAGTGCCGGT	844	$(CT)_8RC$
S237	ACCGGCTTGT	849	$(GT)_8YA$
S241	ACGGACGTCA	850	$(GT)_8YC$
S246	ACCTTTGCGG	851	$(GT)_8YG$
S247	CCTGCTCATC	852	$(TC)_8RA$
S248	GGCGAAGGTT	853	$(TC)_8RT$
S250	ACCTCGGCAC	857	$(AC)_8YG$
S259	GTCAGTGCGG	860	$(TG)_8RA$
S260	ACAGCCCCCA	888	$BDB(CA)_7$
S281	GTGGCATCTC	889	$DBD(AC)_7$
S298	GTGGAGTCAG	890	$VHV(GT)_7$
S322	CCTACGGGGA	891	$HVH(TG)_7$
S326	GTGCCGTTCA		
S328	GGGTGGGTAA		
S331	CTCAGTCGCA		
S333	GACTAAGCCC		

续表

RAPD Primer	Sequence (5′→3′)	ISSR Primer	Sequence[a] (5′→3′)
S337	CCTTCCCACT		
S339	GTGCGAGCAA		
S352	GTCCCGTGGT		

注：a R=A or G；Y=C or T；H=A，C or T；V=A，C or G；B=C，G or T；D=A，G or T。

2.1.4 ISSR 引物和 PCR 扩增

所用 ISSR 引物由上海 Shangon 合成，为 17~18 碱基核苷酸锚定的重复序列。本实验选用了 64 个引物用于引物的筛选。凤眼莲 25μLPCR 反应体系经过优化后，包括：10mmol/L Tris-HCl（pH8.3），50mmol/L KCl，0.001% gelatin，2mmol/L $MgCl_2$，dATP、dCTP、dGTP 和 dTTP 各 0.2mmol/L（Promega 公司），引物 500 nmol（Shangon）和 1U 的 *Taq* DNA 聚合酶(Promega 公司)。每个反应体系中含凤眼莲 DNA 30 ng，上面用 50μL 矿物油覆盖避免溶液挥发。本实验采用以下 ISSR-PCR 程序对凤眼莲基因组 DNA 扩增：94℃ 预热 5min；40 个循环 94℃ 1min；50℃ 1min，72℃ 2min；最后 72℃ 延伸 10min。鸭舌草 25μL 反应体系包括：10mmol/L Tris-HCl（pH8.3），50mmol/L KCl，0.001% gelatin，2.5mmol/L $MgCl_2$，dATP、dCTP、dGTP 和 dTTP 各 0.2mmol/L（Promega 公司），引物 500nmol（Shangon）和 1.5U 的 *Taq* DNA 聚合酶（Promega 公司），鸭舌草基因组 DNA 20 ng。PCR 反应程序采用：94℃ 预热 5min；40 个循环 94℃ 1min，52/55℃ 1min，72℃ 10min；最后 72℃ 延伸 10min。ISSR 程序共筛选出 18 和 14 个 ISSR 引物分别用于凤眼莲和鸭舌草基因组的扩增(表 2-3)。

表 2-3　　用于扩增鸭舌草 7 个种群的 RAPD 和 ISSR 引物

Primer	Sequence (5′→3′)	Primer	Sequence (5′→3′)
RAPD			
S201	GGGCCACTCA	S311	GGAGCCTCAG
S202	GGAGAGACTC	S312	TCGCCAGCCA
S203	TCCACTCCTG	S314	ACAGGTGCTG
S216	GGTGAACGCT	S315	CAGACAAGCC
S217	CCAACGTCGT	S321	TCTGTGCCAC
S232	ACCCCCCACT	S323	CAGCACCGCA
S241	ACGGACGTCA	S324	AGGCTGTGCT
S282	CATCGCCGCA	S325	TCCCATGCTG
S291	AGACGATGGG	S326	GTGCCGTTCA
S293	GGGTCTCGGT	S327	CCAGGAGGAC
S295	AGTCGCCCTT	S330	CCGACAAACC
S303	TGGCGCAGTG	S338	AGGGTCTGTG
S304	CCGCTACCGA	S369	CCCTACCGAC
S309	GGTCTGGTTG	S371	AATGCCCCAG
ISSR *			
812	$(GA)_8C$	853	$(TC)_8RT$
817	$(CA)_8A$	855	$(AC)_8YT$
825	$(AC)_8T$	857	$(AC)_8YG$
827	$(AC)_8G$	860	$(TG)_8RA$
835	$(AG)_8YC$	888	$BDB(AC)_7$
836	$(AG)_8YA$	890	$VHV(GT)_7$
844	$(CT)_8RC$	891	$HVH(TG)_7$

注：* B：C/G/T；D：A/G/T；H：A/C/T；R：A/G；V：A/C/G；Y：C/T。

2.1.5 数据统计与分析

取扩增产物 10μL，在 1.5%琼脂糖上，用 3V/cm 电压电泳约 2h，经 SYNGENE 凝胶成像系统成像记录条带。根据不同样品同一分子量带的有无分别记为"1"和"0"。把所有样品同一分子量都具有的带所代表的位点，称为单态位点，其余均称为多态位点。对于克隆植物凤眼莲，把具有相同带型的个体看作同一个基株，即同一基因型。

实验中所得到的"1"和"0"组成的矩阵用软件 POPGENE 1.31（Yeh 等，1993）分析种群遗传多样性水平，计算出多态性位点百分率（percent of polymorphic bands，PPB）、Nei's 基因多样性（H）（Nei，1973）、Shannon 信息指数（I）（Lewontin，1972）、Nei's 遗传距离（D）（Nei，1978）等评价遗传多样性的指标。

为了描述种群间的遗传结构和变异性，利用欧几里得遗传距离矩阵进行无参变量的分子变异分析（AMOVA，Excoffier 等，1992），以 Φ_{ST} 来衡量种群之间的遗传分化程度。该软件的输入文件由 AMOVA-PREP 软件生成，显著性检验通过 1000 次置换进行。同时，为了评价种群间的遗传联系，对 RAPD 和 ISSR 数据，利用软件 NTSYSpc 2.02（Rohlf，1998）中的 Jaccard 系数计算各自样品之间的条带相似，并对样品间的遗传关系进行了 UPGMA（无权重配对算术平均数法）聚类分析（Sneath 和 Sokal，1973）。种群间遗传距离与地理距离以及 RAPD 和 ISSR 之间的相关性用 Mantel 测验进行检验（Mantel，1967）。

2.2 结果与分析

2.2.1 凤眼莲基因组的 RAPD 和 ISSR 分析

筛选的 25 个 RAPD 引物分别对各个种群个体进行扩增，共产生出

172 条带，平均每个引物扩增出 6. 9 条带。结果显示，扩增片段分子量在 150~2000 bp 之间。6 个种群从扩增的谱带中均没有检测到多态性片段，条带表现出一致性，表明凤眼莲 6 个种群内的遗传多样性都很低，如图 2-1 所示。

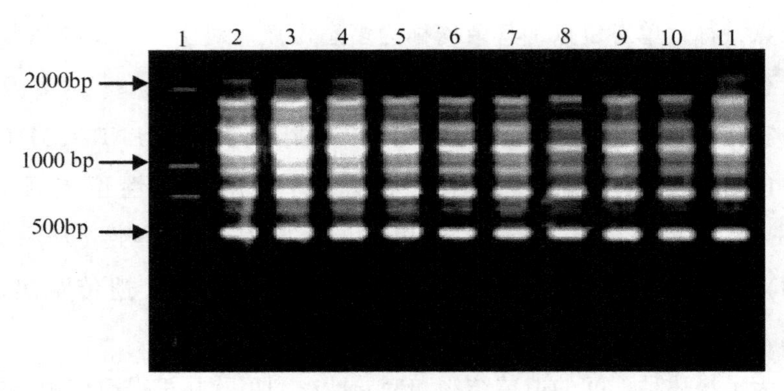

图 2-1　随机引物 S241 凤眼莲武汉种群 10 个个体的 RAPD 扩增电泳图

依据 RAPD 实验结果显示的凤眼莲 6 个种群内遗传多样性极低的事实，我们从每个种群中随机选择 3 个个体进行种群间的 RAPD 分析比较。25 个 RAPD 引物对随机选择的 18 个个体进行的扩增产生清晰，可重复性强的谱带，也没有检测到多态性扩增片段，表明 6 个种群之间没有遗传变异，遗传分化极低，所有 6 个种群可能具有相同的遗传结构，如图 2-2 所示。

与 RAPD 分析相似，18 个 ISSR 引物对各个种群的个体进行扩增，共产生 145 条带，平均每个引物扩增出 8. 1 条带，同样未检测到多态性片段，表明凤眼莲种群的遗传多样性极低。种群间遗传分化采用每个种群中随机选择 3 个个体进行种群间的 ISSR 分析比较，对随机选择的 18 个个体进行扩增，也未检测到多态性片段，如图 2-3 所示，表明 6 个种群具有相同的遗传结构。

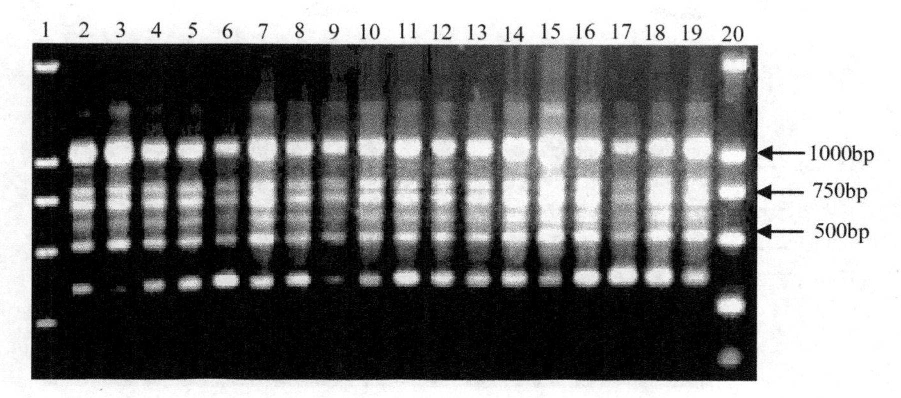

图 2-2 随机引物 S331 对凤眼莲 6 个种群的 RAPD 扩增电泳图(2~4，杭州种群；5~7，南昌种群；8~10，武汉种群；11~13，三亚种群；14~16，玉林种群；17~19，昆明种群，1，20，DL2000)

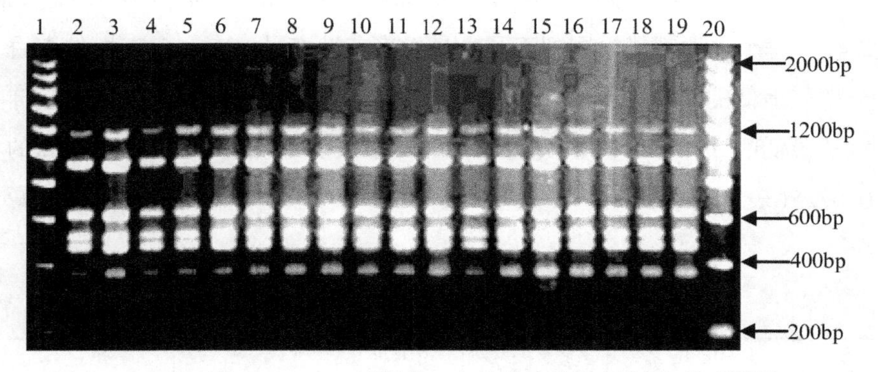

图 2-3 ISSR 引物对 UBC853 凤眼莲 6 个种群的扩增电泳图(排列同图 2-2)

2.2.2 鸭舌草基因组 RAPD 和 ISSR 分析

2.2.2.1 鸭舌草的遗传多样性

18 个 RAPD 引物扩增出 116 条清晰的带纹，平均每个引物扩增出 6.4 条带，其中 34 条为多态性片段，多态性片段占 29.31%，如图 2-4

所示。

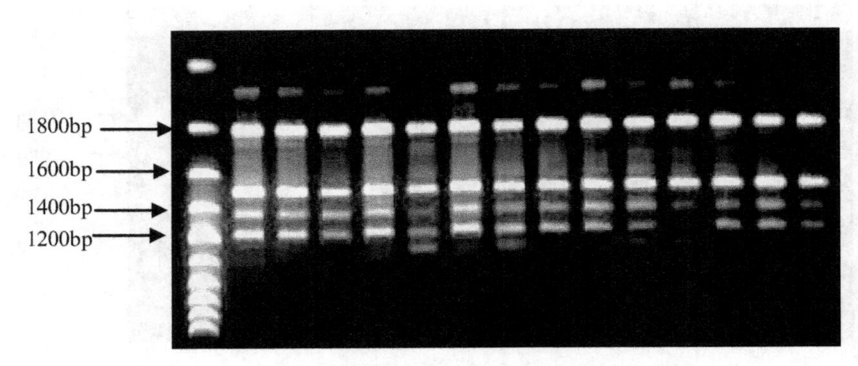

图 2-4　随机引物 S217 对鸭舌草杭州种群的 RAPD 扩增电泳图

基于 RAPD 分析的结果表明，鸭舌草 7 个种群内有不同程度的遗传变异。鸭舌草 Nei's 基因多样性为 0.0848，Shannon 指数为 0.1313（表 2-4）。每个种群都能检测到不同数量的多态性变异位点，多态性位点百分率从最低的长沙种群的 6.80%到勐腊种群的 14.71%。Nei's 遗传多样性从最低的 0.0228 到 0.0471。Shannon 指数从最低的 0.0344 到最高的 0.0725（表 2-4）。

表 2-4　**RAPD 检测鸭舌草种群遗传变异统计**

种群	扩增条带数	多态性条带数	多态性条带比例	*H*	*I*
富阳	107	9	8.41	0.0231	0.0364
江宁	109	12	11.01	0.0343	0.0523
南昌	105	14	13.33	0.0407	0.0635
武汉	101	11	10.89	0.0414	0.0603
长沙	103	7	6.80	0.0228	0.0344
三亚	99	11	11.11	0.0342	0.0532

续表

种群	扩增条带数	多态性条带数	多态性条带比例	*H*	*I*
勐腊	102	15	14.71	0.0471	0.0725
平均	103.71	11.29	10.89	0.0348	0.0532
总计	116	34	29.31	0.0848	0.1313

注：PPB：多态性位点所占总位点的百分比；*H*：基因多样性；*I*：Shannon 指数。

如图 2-5 所示，从 ISSR 分析结果可以看出，14 个 ISSR 引物扩增出 111 条清晰的带纹，平均每个引物扩增出 7.9 条带，其中 87 条为多态性片段，多态性片段占 78.38%。

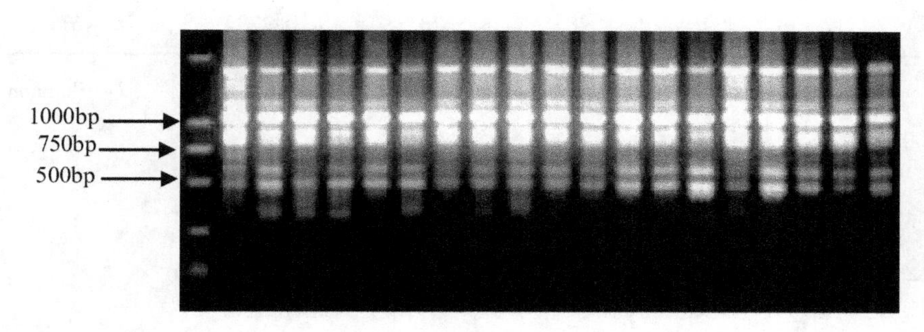

图 2-5　ISSR 引物 UBC857 对鸭舌草武汉种群的 ISSR 扩增电泳图

Nei's 遗传多样性为 0.7732，Shannon 指数为 0.1467(表 2-5)。每个种群检测到不同的遗传多样性，多态性位点比率从最低的长沙种群的 9.01%到勐腊种群的 25.23%。Nei's 遗传多样性从最低的 0.0274 到 0.0932。Shannon 指数从最低的 0.0426 到最高的 0.1384。ISSR 标记无论是检测的多态性片段，还是揭示的遗传多样性指数，都要高于 RAPD 标记，表明 ISSR 能够检测出更多的遗传变异位点。

表 2-5　　**ISSR 检测鸭舌草种群遗传变异统计**

种群	扩增条带数	多态性条带数	PPB	H	I
富阳	96	13	11. 71	0. 0461	0. 0676
江宁	98	25	22. 52	0. 0666	0. 1041
南昌	97	15	13. 51	0. 0444	0. 0680
武汉	104	26	23. 42	0. 0589	0. 0942
长沙	87	10	9. 01	0. 0274	0. 0426
三亚	98	19	17. 12	0. 0493	0. 0775
勐腊	105	28	25. 23	0. 0932	0. 1384
平均	97. 86	19. 43	17. 50	0. 0551	0. 0846
总计	111	87	78. 38	0. 7732	0. 1467

注：PPB：多态性位点所占总位点的百分比；H：基因多样性；I：Shannon 指数。

2.2.2.2　鸭舌草种群间的遗传分化

通过 RAPD 分子标记分析发现，在鸭舌草种群存在显著的遗传分化(P<0. 001)。鸭舌草种群间的基因分化系数(Φ_{ST})是 0. 74，表明大部分的遗传变异存在于种群间，而种群内遗传变异水平相对较低。

ISSR 分析显示，在种群之间基因分化系数(Φ_{ST})为 0. 76，虽然略高于 RAPD 标记，但与 RAPD 分析所得的结果一致。Mantel 测验地理距离和遗传距离的相关性，结果表明，无论是 RAPD 还是 ISSR 标记分析，RAPD 分析和 ISSR 分析所揭示的遗传距离与地理距离之间的相关系数分别是 0. 48 和 0. 45，表明鸭舌草 7 个种群的地理距离和遗传距离没有相关性。

2.2.2.3 鸭舌草种群间的遗传关系

种群间遗传距离见表2-6，ISSR分析与RAPD分析存在很大的不同。ISSR分析显示，富阳和海南的遗传距离最大为0.4563，而南昌和长沙种群的遗传距离最小，仅为0.2037。通过RAPD分析得到的结果则是，南昌和海南种群的遗传距离最远，南昌和武汉种群遗传距离最近。

表2-6 **ISSR和RAPD标记检测到种群间的Nei's遗传距离统计**

种群	富阳	江宁	南昌	武汉	长沙	三亚	ML
富阳	****	0.2176	0.2916	0.3406	0.2979	0.4563	0.3398
江宁	0.0417	****	0.2063	0.2158	0.2404	0.3086	0.3183
南昌	0.0556	0.0476	****	0.2374	0.2037	0.2798	0.3150
武汉	0.0451	0.0475	0.0285	****	0.2352	0.2474	0.2827
长沙	0.0747	0.0834	0.0914	0.0847	****	0.3177	0.2906
三亚	0.0622	0.0771	0.1241	0.1017	0.0872	****	0.3196
ML	0.1195	0.1021	0.1171	0.1209	0.1102	0.0739	****

注：****以上部分为ISSR分析结果，以下部分为RAPD分析结果。

从RAPD和ISSR聚类分析也得到了相似的结果。RAPD聚类分析显示，7个种群分为两个大支。其中，长沙、三亚和勐腊3个种群聚成一支，而其余4个种群聚在一起，Jaccard相似性系数在0.882和0.950之间。如图2-6所示。

ISSR分析的聚类图显示，Jaccard系数相似性在0.772和0.830之间，富阳和江宁种群聚成一支，而其余5个种群聚成另外一支。基于两种标记分析之间存在很大的不同，为了评价RAPD和ISSR的相关性，

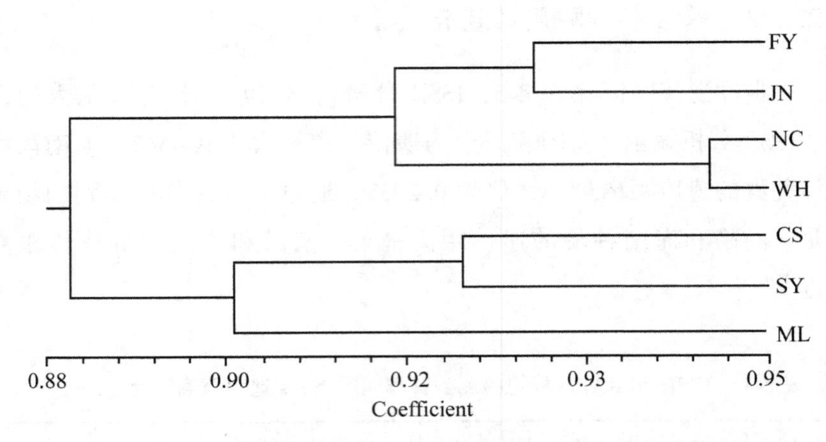

图 2-6　鸭舌草 7 个种群基于 Jaccard 相似性系数的 RAPD 标记聚类分析

用 7 个种群间的 Jaccard 系数进行了 Mantel 测验。结果显示，相关系数 r=0.45，表明在鸭舌草的遗传变异分析中，RAPD 和 ISSR 两种分析方法没有表现出相关性。如图 2-7 所示。

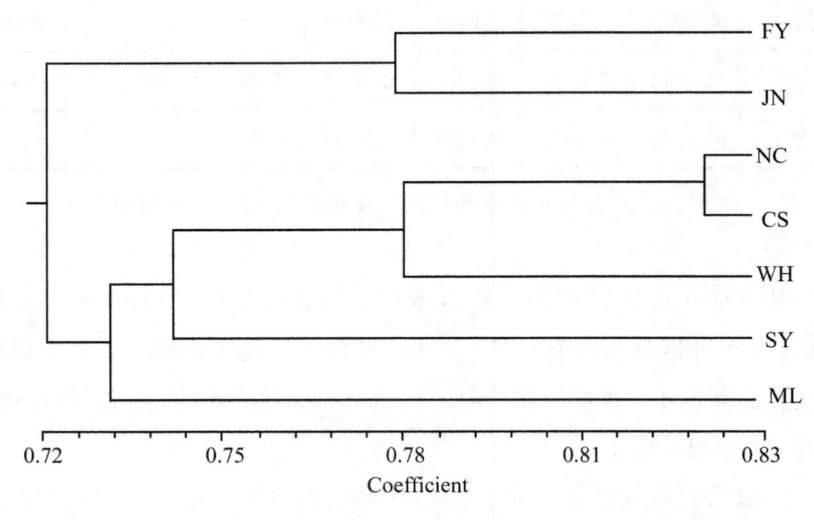

图 2-7　鸭舌草 7 个种群基于 Jaccard 相似性系数的 ISSR 标记聚类分析

2.3 讨论

研究结果显示，外来种植物凤眼莲在其新的分布区与本地种鸭舌草的遗传多样性有着很大差别。用RAPD和ISSR均未检测到凤眼莲的遗传变异，表明凤眼莲种群内没有遗传变异，种群间也没有遗传分化，中国南部的凤眼莲可能由少数极为相似的基因型所组成。而对于鸭舌草，尽管RAPD和ISSR分析的结果并不完全一致，但都揭示出种群内有一定的遗传多样性，种群之间遗传分化明显的遗传结构。与RAPD相比，ISSR能检测出更多的多态性位点，Wu等(2004)在野生稻的遗传结构的研究中发现了类似的结果，这可能是由于两者结合基因组的靶序列不同所导致，微卫星被认为是变异更为活跃的区域(Godwin，1997)，表明RAPD和ISSR标记可能反映基因组不同区域的遗传变异水平。即使如此，在检测入侵种凤眼莲时，RAPD和ISSR都未检测到多态性位点的存在，与一些入侵植物有着很大的不同。如Lavergne等(2006)在研究入侵美国湿地的外来种*Phalaris arundinacea*时，检测出很高的遗传多样性，表明高的遗传多样性与其扩展有密切的关系。由于入侵植物在引入过程中往往经历过瓶颈阶段，会导致入侵植物遗传多样性的降低，极低的遗传多样性在其他的入侵种克隆植物研究中也有报道，与上述结果相似(Hollingsworth和Bailey，2000；Wang等，2006)。

植物种群的遗传变异往往会受到历史事件、繁殖方式、遗传漂变、自然选择等因素的影响(Barrett，1992；Hamrick和Godt，1990)。许多外来物种在入侵新的生境时，都会受到“奠基者效应”的影响。因此，在新的入侵种群中，外来种的遗传结构由少数个体决定。一般来讲，多次引入的外来种在其新分布区往往有相对高的遗传多样性。对于许多杂草，由于偶然引入的历史导致其种群遗传多样性通常很低(Novak和Mack，1992)。RAPD和ISSR标记分析凤眼莲种群内和种群间遗传多样性，揭示了其遗传多样性极低的事实，这可能是因为凤眼莲入侵我国时的奠基者效应决定的，现在分布在我国的凤眼莲种群或许起源于很少的相似克隆植株，甚至同一克隆植株。在其原产地广泛的分布凤眼莲有着长、中、短三型花柱，而在一些引入地区，如在我国南部，仅仅存在中型花柱类型，而缺少长、短两种花柱类型，这说明花柱类型的地理分布与凤眼莲的引入历史事件密切相关(Barrett，1982)。尽管凤眼莲的确切引入史还不清楚，但有文献认为，南部中国的凤眼莲的源种群可能来自日本(李振宇，2002)。因此，在本研究中用RAPD和ISSR揭示出凤眼莲在我国南部地区的一致的基因型个体可能是由于引入过程中连续的瓶颈效应累加而产生的结果。而与此相比，本地种鸭舌草则未经历这样的瓶颈过程，因此较外来种凤眼莲种群有相对较高的遗传多样性。植物的生活史，尤其是繁殖模式，对植物的遗传结构有明显的影响(Hamrick和Godt，1990)。外来种凤眼莲具有无性和有性双重繁殖模式，通常以匍匐茎的克隆繁殖为主。尽管有文献表明，凤眼莲可以通过自交产生种子，但在其入侵地区，很少有在自然生境中发现大量实生苗的报道，可能是由于光照、温度限制了其种子萌发，因此，外来种凤眼莲在我国南部地区极低的遗传多样性与缺少实生苗补充有关(Barrett，1980)。而对于本地种鸭舌草，由于其授粉常发生于花开放之前，因而主要是通过自交方式产生种子进行繁殖(Wang等，1998)。本研究中，鸭舌草7个种群高的Φ_{ST}值表明RAPD和ISSR标记检测的大部分的遗传变异存在于种群之间，这可能是由于种群之间缺乏基因流所导致。因此，外来种凤眼莲与本地种鸭舌草的遗传结构的差异与它们之间的繁殖模式也有着密切关系。

凤眼莲极低的遗传多样性并未抑制其在入侵地区的扩展与蔓延，这说明遗传多样性水平不是一个外来物种成功入侵新的生态系统的主要因素。Parker等(2003)指出，一些定居能力强的克隆植物的入侵可能依赖于一些适应性强的基因型，使得一些小数目的个体定居成功，并得到迅速扩散。因此，外来种植物凤眼莲的入侵可能不取决于其遗传多样性的高低，而是取决于其特定的基因型，其适应性与这些超强的基因型被生物或者非生物因素所固定下来有关(Pysek, 2003)。此外，如果外来种植物强的生理可塑性可以缓解最初定居时期的选择压力，它就不需要积累足够多的遗传变异水平适应新环境。毕竟遗传变异的积累需要很长时间，这对于外来种植物可能是极其不利的(Weber 和 Schmid, 1998)。有研究表明，凤眼莲在应对环境变化时往往表现出极强的可塑性，极强表型可塑性可能与凤眼莲种群的入侵行为有密切关系(Reddy 等, 1989; Methy 等, 1990)。综上所述，外来种凤眼莲在我国南部地区的成功入侵可能取决于其较强的适应特性，包括对环境的表型可塑性、对逆境的耐受能力及其快速的克隆生长能力，这些特点可能在短时期内弥补凤眼莲种群遗传变异水平低的缺点，使得种群不断扩散。基于我国南部地区极低的遗传多样性这个事实，我们推测凤眼莲的成功入侵更有可能是其表型可塑性适应环境的结果。目前，水生生态系统富营养化日益加剧，外来植物凤眼莲通过表型可塑性策略适应富营养化环境，可能是通过其营养代谢以及生理生化的调节得以实现的，对于不同环境下凤眼莲的氮素代谢与生理生化的研究，有助于进一步了解外来植物适应的机制。

第3章　光氮互作对凤眼莲氮素代谢的影响研究

高等植物通过调节其形态和生理特性应对外界环境的改变，从而具有在不同生态环境中较强的适应能力(Lambers 等，1990)。光和氮素是生境中的两个最主要的环境因素，对植物的生长发育都有着极其主要的影响。随着人类活动对生态系统的干扰，生态系统富营养化成为一个明显特征，对水体生态环境更是如此，生态系统氮素水平的增加可能是导致外来种植物大幅度增长，抑制本地物种的生存的主要原因之一，植物可利用光照和氮素的增加促进了植物入侵进程(Maurer 和 Zedeler，2002)。入侵植物表现出对外界环境中氮素变化快速生长的生理反应，这对于其在生态系统中的种群建立和种间竞争可能是非常关键的。在植物氮素代谢过程中，硝酸还原酶具有把植物吸收的硝酸根离子催化还原成亚硝酸根离子的功能，谷氨酰胺合成酶催化无机氮素营养合成有机氮源，这些关键酶通过调节植物氮素代谢，进而对生长形态建成、光合作用以及碳素同化能量分配起着决定性的作用(Bijlsma 等，2002；Majerowicz 等，2002)。本研究主要目的在于检验不同氮素营养和光照条件对入侵植物凤眼莲生长、生物量分配、氮素同化关键酶、含氮同化产物的影响，揭示在不同氮素营养和光照条件下凤眼莲响应环境变化的形态和生理可塑性适应机制。

3.1 材料和方法

3.1.1 植物材料

在考察环境因子对植物生长生理的作用时，已有的观点认为，由于同一种群个体间会因基因的差别而表现出生长繁殖的差异，因此在设计实验时，应选用那些具有同一基因组成的个体。本实验所用材料凤眼莲采自富营养化的水体——武汉南湖(E114°21′，N30°33′)。通过之前进行的对凤眼莲遗传多样性的研究，已经证明所选实验材料是处于同一遗传背景下，由此避免了遗传差异对本实验的干扰。材料采回后，将其去掉污泥和附生植物，用0.5%的次氯酸盐溶液冲洗干净。对采回的凤眼莲先做缺氮处理，于温室中培养两个星期。温室条件设置为30℃光/22℃暗，12h光/12h暗。缺氮培养液按照修改后的1/4 Hoagland营养液不加氮素配制而成，各组分浓度为：2.5mmol/L $MgSO_4$，2mmol/L KH_2PO_4，0.27mmol/L Fe-EDTA，微量元素(57.7μmol/L H_3BO_3、1.9μmol/L $ZnSO_4 \cdot 7H_2O$、0.8μmol/L $CuSO_4 . 5H_2O$、0.5μmol/L H_2MoO_4、11.3μmol/L $MnCl_2$)。培养体系每3天更换一次新鲜的营养液。

待2周预培养结束后，选取新生的分株作为实验材料，根长度不超过1cm，3~4片叶，将凤眼莲进行不同的实验处理：把材料转移到4个新的容器(长×宽×高=100cm×30cm×20cm)中进行培养，在新环境中进行双因素交叉实验，设置4个处理，3次重复：因素一光照，包括高光(HL 300±25μmol/($m^2 \cdot s$))低光(LL 50±5μmol/($m^2 \cdot s$))两种；因素二氮素，包括高氮HN 2.5mmol/L $Ca(NO_3^-)_2$和低氮LN 0.25mmol/L $Ca(NO_3^-)_2$两种，即总共有高光高氮(HL-HN)、高光低氮(HL-LN)、低光高氮(LL-HN)、低光低氮(LL-LN)这4个处理。除氮素以外的其余基本营养元素仍按修改后的1/4 Hoagland营养液配制，氮素以外的各组分浓度不变，低氮处理中缺少的Ca^{2+}浓度通过补加$CaCl_2$，使其保持

5mmol/L。营养液的 pH 调整到 5.8。收获后分别测生物量，根、叶中 *in vitro* NR 活性，NR 激活状态，GS 活性，组织硝酸根离子浓度，以及游离氨基酸和可溶性蛋白质含量。

3.1.2　收获

凤眼莲培养 4 周后可进行收获，从每一处理取出 4 个植物个体，水洗后，用滤纸吸干水分，分成主株和分株，并统计分株数目以及一级分株和二级分株的叶数，于 85℃下烘箱中烘干 24h 后，用感量为 0.0001g 的电子天平称量主株和分株干重，分别计算主株分株生物量比、整个克隆的根冠比、相对生长速率。凤眼莲的相对生长速率(RGR)通过计算其干重净增长量得出，计算公式为：

$$RGR=\frac{\ln W_2-\ln W_1}{t} \quad (\text{Hunt, 1982})$$

式中，W_1和 W_2分别是指初始培养和收获时的样本干重，t 是指初始培养和收获时相隔的天数。

3.1.3　硝酸还原酶活性测定

3.1.3.1　缓冲液的配制

In vitro NR 测定：

研磨液(Buffer A)：

HEPES-KOH (pH 7.5)，50mmol/L；

氯化镁，5mmol/L；

EDTA，0.5mmol/L；

DTT，5mmol/L；

PMSF，0.2mmol/L；

FAD，10μmol/L；

亮抑酶肽，50μmol/L；

甘油(*V/V*)，10%；

PVPP(*W/V*)，1%；

Triton X-100（*W/V*），0.1%。

分析液(Buffer B)：

磷酸钾 buffer（pH7.5），50mmol/L；

硝酸钾，10mmol/L；

NADH，0.2mmol/L；

EDTA（测 NR_{max}），2mmol/L；

$MgCl_2$(测 NR_{act})，5mmol/L。

3.1.3.2 *In vitro* 硝酸还原酶活性测定

In vitro NR 活性的测定按照修改后的 Kaiser 和 Huber（1997)的方法进行。取 0.5 g 植物材料于研钵中，加入液氮充分研磨成粉末后，将其悬浮于 1.5mL Buffer A 中。4℃以 12000rpm 离心 20min，上清液即为 NR 酶粗提液。取酶液 0.25mL 于试管中，加入 0.75mL *in vitro* NR 分析液(包括测 NRmax 和 NRact 两种体系)，在 30℃下水浴 10min 后，加入 0.05mL 0.5mol/L 的醋酸锌溶液以终止反应，并吸取反应溶液 0.5mL 于一试管中，加入磺胺试剂和 α-萘胺试剂以显色法来测定 NO_2^- 的含量，静置 10min 后，用 UNICO 生产的 UV-2100 型紫外可见分光光度计进行比色测定，比色时用 540nm 波长，记下光密度，从标准曲线上查得 NO_2^- 含量，然后计算酶活性，以每克鲜重材料每小时催化生成 NO_2^- 的微摩尔数表示，即 μmol NO_2^- $g^{-1}FWh^{-1}$。NR 活性用以下公式计算：

$$样品中酶活性(\mu mol\ g^{-1}FW\ h^{-1}) = \frac{\frac{V_1 X}{V_2}}{Wt}$$

式中，X 为酶催化产生的亚硝态氮总量(μmol)；

V_1为酶促反应时加入的缓冲液体积(mL)；

V_2为显色反应时加入的粗酶液体积(mL)；

W 为样品重量(g)；

t 为反应时间(h)。

NR 激活状态计算公式为：

$$\frac{NR_{act}}{NR_{max}}\times 100\%$$

式中，NR_{act} 为 Mg^{2+} 存在下的实际 NR 活性值；

NR_{max} 为 EDTA 存在下的最大 NR 活性值。

3.1.4　谷氨酰胺合成酶活性测定

3.1.4.1　缓冲液的配制

(1) GS 提取液：

Tris-Hcl(pH7.6)，100mmol/L；

β-Me，10mmol/L；

氯化镁，1mmol/L；

EDTA，1mmol/L；

PMSF，0.2mmol/L；

亮抑酶肽，50μmol/L；

甘油（*V/V*），10%。

(2) 反应液：

咪唑缓冲液（pH7.5），100mmol/L；

ATP，11.4mmol/L；

羟氨，45mmol/L；

硫酸镁，45mmol/L。

(3) 反应终止液：

三氯化铁盐酸溶液，10%；

三氯乙酸，24%；

盐酸，50%。

3.1.4.2 GS活性测定

GS酶活性的测定按照修改后的Rhodes等(1975)的方法进行。取0.5g植物材料于研钵中，加入液氮充分研磨成粉末后，将其悬浮于1.5mL GS提取液中。4℃以12000 rpm离心20min，上清液即为GS酶粗提液。取1mL酶提取液加入等量反应液，在37℃下水浴15min，其间轻轻摇匀数次，加入2mL反应终止液终止反应，4℃下以4000rpm离心5min。上清液用UNICO生产的UV-2100型紫外可见分光光度计进行比色测定，比色时用540nm波长，记下光密度。从标准曲线上查得产物γ-谷氨酰胺异肟酸含量，计算出GS活性。一个GS活性单位定义为每分钟37℃催化生成1μmol γ-谷氨酰胺异肟酸所需要的酶量。

3.1.5 组织硝酸根离子含量测定

组织硝酸根离子含量依据Cataldo(1975)的方法进行。取0.1g干材料加入1mL蒸馏水，45℃水浴60min，以5000rpm离心10min。取上清液50μL加入200μL 5%水杨酸硫酸溶液，混匀后静置2min，加入4.75mL 2mol/L NaOH溶液，以加入蒸馏水的试管作为空白对照在410nm处测定混合液的吸光值，在绘制的标准曲线中查得硝酸根离子浓度，以μmol/g干重表示。

3.1.6 组织氨基酸含量测定

氨基酸含量测定依据Martino等(2003)的修改方法，用反相高效液相色谱(HPLC)、柱前衍生的方法进行测定。色谱仪为美国Agilent高效液相色谱仪、G1321A荧光检测器、C18分析色谱柱。

3.1.6.1 试剂

氨基酸标样(色谱纯，Sigma)，邻苯二甲醛(OPA，色谱纯，

Sigma)，β-巯基乙醇，甲醇和乙氰(色谱纯，上海国药)、三乙胺、四氢呋喃、硼酸钠、醋酸钠、盐酸、氢氧化钠、水为超纯水(Milli-Q)。

3.1.6.2　衍生剂的配制

称取 OPA 25mg，加入 0.5mL 甲醇，再加入 β-巯基乙醇 100μL，用硼酸缓冲液(pH10.4)定容至 5mL。

3.1.6.3　流动相配制

流动相 A：称取 0.82g 醋酸钠，分别加入 90μL 三乙胺、1.5mL 四氢呋喃，用 1%的醋酸调节 pH 到 7.2，最后用超纯水定容至 500mL，混匀后经 0.45μm 微膜过滤后使用。

流动相 B：称取 0.82g 醋酸钠，分别加入 200mL 甲醇和乙氰后，用 1%的醋酸调节 pH 到 7.2，最后用超纯水定容至 500mL，混匀后经 0.45μm 微膜过滤后使用。

3.1.6.4　样品的提取

取 0.5g 新鲜材料，加入 1.5mL 10mmol/L 甲酸研磨后，以 12000rpm 4℃离心 10min，取上清液，经 0.45μm 微膜过滤后使用。

3.1.6.5　样品的柱前衍生

取提取的氨基酸样品 1mL，加入新配好的 OPA 衍生试剂 3mL，充分混匀反应 1min 后，立即用 HPLC 进行分析。

3.1.6.6　样品的 HPLC 分析

样品氨基酸分离采用流动相梯度洗脱，流动相梯度洗脱程序见表 3-1。柱温 40℃，荧光检测器激发波长 350nm，发射波长 450nm，采用外标法对氨基酸含量进行计算。

表 3-1　**HPLC 分析氨基酸流动相梯度**

时间(min)	流动相 B 的比例	流量(mL/min)
0.00	5	1.4
5.00	25	1.4
20.00	60	1.4
20.01	95	1.4
25.00	95	1.4
26.00	5	1.4

3.1.7 组织可溶性蛋白质含量测定

可溶性蛋白质含量测定依据 Bradford(1976)的方法进行。取 1g 新鲜材料加入 3mL 蒸馏水研磨成匀浆，转入 7mL 离心管，以 10000rpm 离心 10min，取上清液 1mL，加入考马斯亮蓝 G-250 5mL，摇匀后静置 15min，以加入蒸馏水的试管作为空白对照在 595nm 处测定混合液的吸光值，将所得吸光值代入标准曲线，即得可溶性蛋白质含量，再乘以样品稀释倍数，即为每克新鲜材料所含可溶性蛋白的量，以 mg/g 鲜重表示。

3.1.8 统计分析

光照强度和氮素水平两种环境因子影响的显著性测验采用软件 SPSS 11.5 对各处理凤眼莲相对生长速率、主株、分株的生物量，主株与分株干重比、根冠比、分株数、分株叶数等生长和形态指标，以及生理指标如 NR、GS 酶活性、组织氨基酸和可溶性蛋白质含量之间的差异进行 Two-way ANOVA 方差分析。差异显著度以 p 值表示($p=0.05$，0.01，0.001)，当 $p<0.001$ 时，差异极显著；当 $p<0.01$ 时，差异较显著；当 $p<0.05$ 时，差异显著；当 $p>0.05$ 时，差异不显著。

3.2　结果与分析

3.2.1　光氮互作对生长、生物量以及克隆结构分配的影响

不同光照和氮素处理下的凤眼莲生长、克隆结构以及生物量分配见表3-2。首先从生长情况上来看，高光高氮处理时，相对生长速率最高，为 0.0953 ± 0.004$gg^{-1}d^{-1}$，高光低氮处理中其次，为 0.0731 ±0.003$gg^{-1}d^{-1}$，在低光高氮处理中进一步降低到 0.0459 ±0.004$gg^{-1}d^{-1}$，至低光低氮处理中最低，仅为 0.0405±0.004$gg^{-1}d^{-1}$。在高光条件和低光条件下，相对生长速率随着氮素营养的增加，分别增加了 30%和13%，表明相对生长速率在高光条件下随氮素增加而增加更为显著。方差分析的结果(表3-3)显示，光照强度和氮素水平及光氮互作均对凤眼莲的相对生长速率有显著影响。从克隆构件间的生物量分配来看，光照和氮素营养处理凤眼莲在构件间分配有明显的影响。主株与分株的生物量随光照和氮素营养的增加而增加，高光高氮处理时，主株生物量和分株生物量最高，分别为 1.63±0.16g 和 1.31±0.13g；高光低氮处理时，主株生物量和分株生物量较高光高氮条件下有所降低；在低光高氮处理时，主株生物量和分株生物量进一步降低；至低光低氮处理时，主株生物量和分株生物量下降至最低，分别为 0.43±0.04g 和 0.11±0.02g。尽管主株和分株的生物量都随光照和氮素增加而增加，但在主株与分株的生物量分配上，随光照和氮素营养的不同存在很大差异，分株与主株生物量之比随光照和氮素的营养增加而增加，在高光高氮处理中达到最大值 0.80±0.02，表明在克隆构件之间生物量存在不等分配，光照和氮素营养的增加明显促进了分株的克隆生长。经 Two-way ANOVA 分析后，结果显示光照强度和氮素水平及其互作对凤眼莲主株、分株生物量的积累、主株分株生物量比值有显著影响。从生物量在植株地上部分和地下部分的分配来看，光照强度和氮素水平分别对凤眼莲的根冠比均有显著

影响，高光低氮处理中，根冠比最高为0.62±0.10，而在低光高氮处理中，两者的值最低，仅为0.16±0.02。由此可见，氮素对植株根冠比的作用远大于光照的作用。方差分析表明不同光照和氮素营养处理间的根冠比存在显著差异，但光照强度和氮素水平对根冠比的互作效应不显著($p=0.788$)。

表3-2 **不同光氮处理下对凤眼莲生长和克隆结构的效应**

	不同光氮组合处理			
	高光高氮	高光低氮	低光高氮	低光低氮
相对生长速率	0.0953±0.004	0.0731±0.003	0.0459±0.004	0.0405±0.004
主株干重(g)	1.63±0.16	1.31±0.13	0.50±0.04	0.43±0.05
分株干重(g)	1.31±0.13	0.53±0.06	0.16±0.01	0.11±0.02
分株与主株生物量比	0.80±0.02	0.57±0.04	0.31±0.04	0.28±0.07
克隆分株数	6.5±1.3	3.8±1.5	1.0±0.8	0.8±0.5
一级分株数	4.8±1.0	3.5±1.3	1.0±0.8	0.8±0.5
二级分株数	1.8±0.5	0.3±0.5	0.0±0.0	0.0±0.0
分株叶片数	19.5±6.6	12.8±6.9	2.8±2.5	1.8±1.3
一级分株叶片数	14.8±3.9	12.0±6.5	2.8±2.5	1.8±1.3
二级分株叶片数	4.8±3.0	0.8±1.5	0.0±0.0	0.0±0.0
根冠比	0.26±0.04	0.48±0.05	0.16±0.02	0.39±0.04

除了对于凤眼莲的生长和生物量分配有显著效应外，光照和氮素营养还对凤眼莲的克隆分株数和分株叶片数等克隆构件结构有着显著的影响。在高光高氮条件下，克隆总分枝数最高为6.5±1.3，为低光高氮处理的6.5倍，而在低氮处理中，高光营养凤眼莲分株数是低光处理的4.75倍。一级分株与整个克隆分株数相似，在高氮和低氮处理条件下，随着光照的增加，一级分株数分别增加380%和275%，表明光照显著

促进了克隆分株的产生。分株的叶片数随着光照和氮素的增加而增加，两种氮素处理中，分株总叶数、一级分株叶数以及二级分株叶数均随光照的增加表现出明显的增加，表明在同一供氮条件下，高光照条件下的植株克隆生长能力远远大于低光条件的克隆生长。方差分析显示，光和氮素对分株数包括二级分株数影响极为显著($p<0.001$)，而氮素对一级分株数影响达不到显著水平($p=0.135$)，光照对分株叶片数的影响远比氮素的影响显著。

表 3-3　**ANOVA 方差分析结果**

	p 值		
	光照效应	氮素效应	互作效应(光×氮)
相对生长速率	<0.001	<0.001	<0.001
主株干重(g)	<0.001	<0.001	<0.001
分株干重(g)	<0.001	<0.001	<0.001
分株与主株生物量比	<0.001	<0.001	<0.001
克隆分株数	<0.001	0.018	0.042
一级分株数	<0.001	0.135	0.306
二级分株数	<0.001	0.001	0.001
分株叶片数	<0.001	0.147	0.272
一级分株叶片数	<0.001	0.370	0.671
二级分株叶片数	0.006	0.034	0.034
根冠比	0.001	<0.001	0.788

注：$p<0.001$，差异极显著；$p<0.01$，差异较显著；$p<0.05$，差异显著；$p>0.05$，差异不显著。

3.2.2　光氮互作对凤眼莲组织硝酸根离子含量的影响

光照和氮素营养对凤眼莲组织的 NO_3^- 含量的影响如图 3-1 所示。根、根状茎、匍匐茎以及叶的 NO_3^- 含量均随着氮素营养的增加而明显增加，但在组织间存在较大差异。在不同的光氮组合处理中，叶片的NO_3^-浓度总是高于其他组织，根状茎组织NO_3^-浓度最低。而随光照条件的改变，组织间NO_3^-浓度变化表现出一些差异。在高光条件下，根和叶组织NO_3^-比低光处理的组织NO_3^-略有下降。而对于根状茎和匍匐茎，组织NO_3^-含量则随着光照的增加而增加。

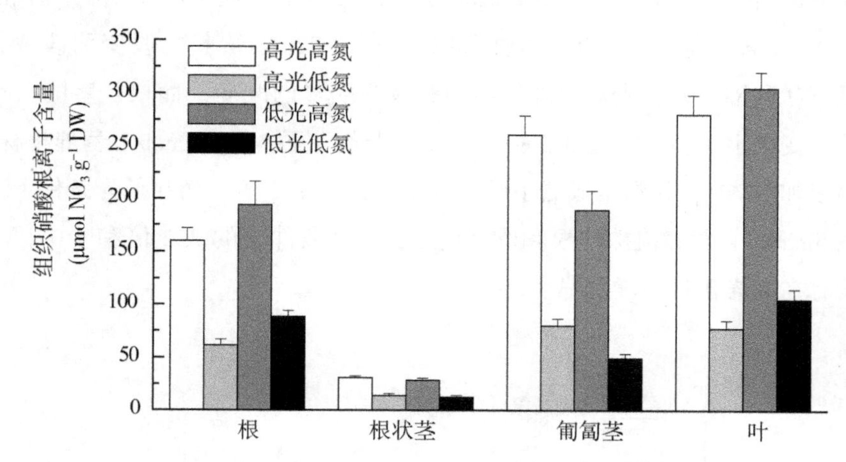

图 3-1　光照和氮素营养对凤眼莲组织NO_3^-含量的影响

方差分析显示，光照和氮素营养对凤眼莲组织NO_3^-含量的效应都达到了显著水平，但两者互作影响不显著，见表 3-4。

表 3-4　　**光氮互作影响组织硝酸根离子浓度方差分析结果**

	p 值		
	光照效应	氮素效应	互作效应(光×氮)
根	0.001	<0.001	0.586
根状茎	0.061	<0.001	0.504
匍匐茎	<0.001	<0.001	0.049
叶	0.002	<0.001	0.829

3.2.3　光氮互作对凤眼莲硝酸还原酶活性的影响

在不同的光氮组合试验条件下，凤眼莲的根、根状茎、匍匐茎和叶都检测到了 NR 活性。叶片的 NR_{max} 活性最高，表明凤眼莲是主要以地上部分还原氮素的植物；根状茎的 NR_{max} 活性最低，即使是高光高氮条件下最高值也仅为 0.21±0.05μmol $NO_2^- h^{-1} g^{-1}$ FW，仅为叶片 NR_{max} 活性的 7%。各个组织的 NR_{max} 活性都随着光照和氮素营养的改变而改变，根、叶和匍匐茎随光氮处理的不同有较为明显的改变，而根状茎的 NR 活性变化不明显，如图 3-2 所示。在高光条件下，供 5mmol/L 营养植株的根和叶 NR_{max} 分别是低氮条件下的 2.4 倍和 2.1 倍。而在低光条件下，供 5mmol/L 营养植株的根和叶 NR_{max} 是低氮条件下的 2.2 倍和 1.7 倍，没有在高光条件下增加显著。

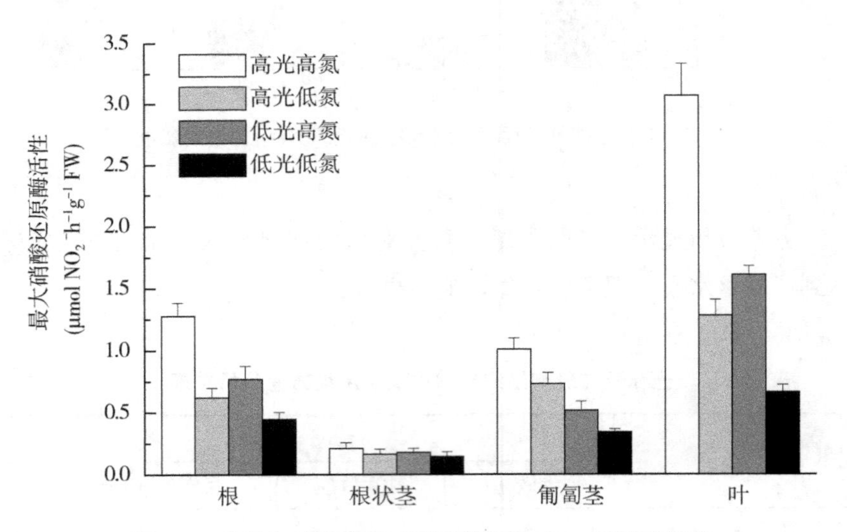

图 3-2　光照和氮素营养对凤眼莲组织 NR_{max} 活性的影响

Two-way 方差分析表明，光和氮素及其互作效应对根、叶的 NR_{max} 活性的影响均达到显著水平(表 3-5)。匍匐茎也同样受光和氮素营养的显著影响，但光氮互作效应不显著。此外，光和氮素对根状茎的 NR_{max} 活性影响都不显著。

表 3-5　**NR_{max}、NR_{act}和 NR 激活状态 Two-way 方差分析**

	p 值		
	光照效应	氮素效应	互作效应(光×氮)
NR_{max}			
根	<0.001	<0.001	0.003
根状茎	0.203	0.066	0.742
匍匐茎	<0.001	<0.001	0.201
叶	<0.001	<0.001	0.024
NR_{act}			
根	0.001	<0.001	0.075
根状茎	0.279	0.021	0.712
匍匐茎	0.002	0.023	0.816
叶	<0.001	<0.001	0.001
激活状态			
根	0.513	0.451	0.707
根状茎	0.994	0.096	0.902
匍匐茎	0.154	0.831	0.580
叶	<0.001	0.754	0.126

组织 NRact 活性如图 3-3 所示，根和叶的 NR_{act} 活性随光和 NO_3^- 改变而发生较大变化，在高氮和低氮营养条件下，随着光照的减少，叶的 NR_{act} 活性分别减少 53%和 63%，表明在低光条件下随氮素减少叶 NR_{act} 活性下降更为明显。根状茎和匍匐茎的 NR_{act} 则没有明显的变化，在总

体上处于比较低的活性水平，都不超过 0. 25μmol $NO_2^-h^{-1}g^{-1}FW$，最高值为高光高氮处理匍匐茎的活性仅为 0. 22±0. 03μmol $NO_2^-h^{-1}g^{-1}FW$。Two-way 方差分析显示，光照和 NO_3^- 营养对根和叶的 NR_{act} 活性都有显著的影响，而尽管匍匐茎 NRact 活性由光照和 NO_3^- 营养改变而引起的变化不大，方差分析表明，光和 NO_3^- 营养对其影响也达到了显著水平，而根状茎受光和 NO_3^- 营养的作用则不显著。

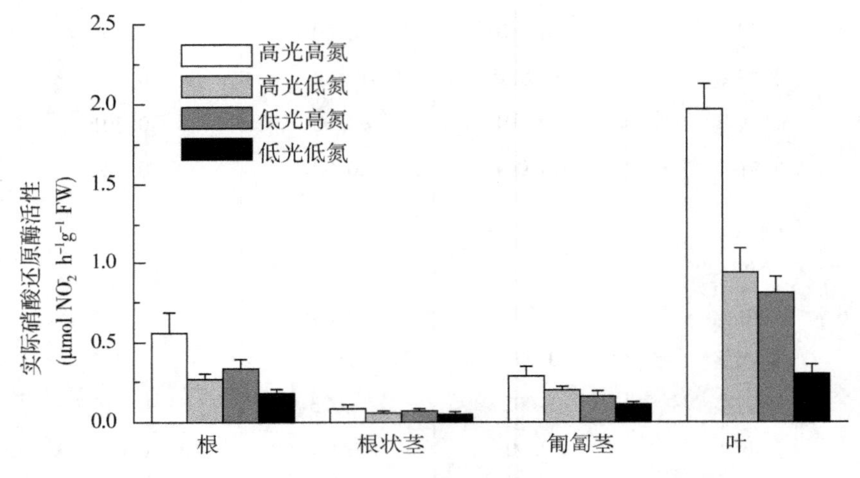

图 3-3　光照和氮素营养对凤眼莲组织 NR_{act} 活性的影响

从光照强度和氮素水平对凤眼莲叶中 NR 激活状态的影响来看，只有叶的 NR 激活状态随光氮处理改变而变化较大，最高为高光低氮处理的 73%，最低为低光低氮处理的 45%，其他组织的 NR 激活状态变化很小，均在 35%~40%之间。如图 3-4 所示。

经方差分析结果(表 3-5)表明，光照强度对叶的 NR 激活状态有极显著作用($p<0.001$)，NO_3^- 营养对其影响未达到显著水平，不同光照和氮素营养处理的其他组织的 NR 激活状态均无显著差异。

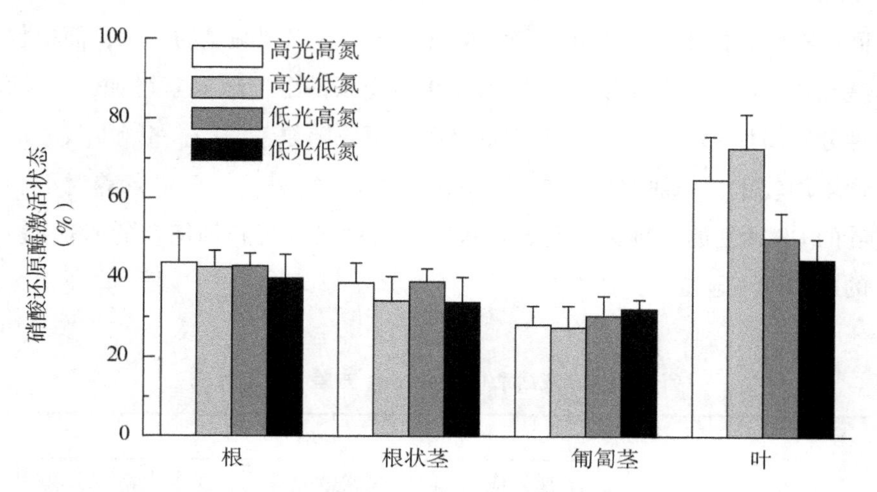

图 3-4　光照和氮素营养对凤眼莲组织硝酸还原酶激活状态的影响

3.2.4　光氮互作对凤眼莲组织谷氨酰胺合成酶活性的影响

凤眼莲组织的 GS 活性如图 3-5 所示。叶的 GS 活性最高，而匍匐茎

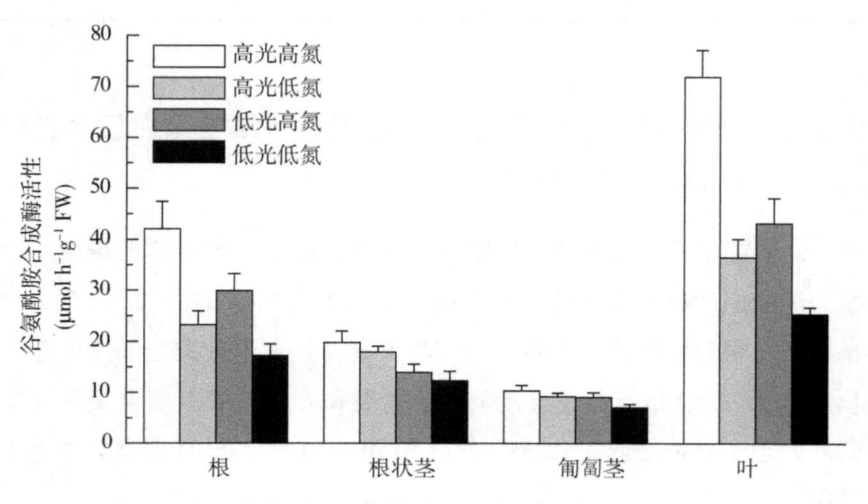

图 3-5　光照和 NO_3^- 营养对凤眼莲组织 GS 活性的影响

GS 活性最低，且都随着氮素营养的增加而表现出上升趋势，但组织之间存在明显的不同。根和叶随氮素营养的改变出现明显的变化，而根状茎和匍匐茎则变化不明显。根和叶在高光条件下，随氮素增加，GS 活性分别增加 97%和 87%；而在低光条件下，随氮素增加，根和叶 GS 活性增加较小，分别增加 66%和 77%。方差分析表明，氮素营养对根和叶的 GS 活性的影响达到极显著水平，而对根状茎和匍匐茎的 GS 活性的影响则不显著。见表 3-6。

表 3-6　　**谷氨酰胺合成酶活性 Two-way 方差分析统计表**

	p 值		
	光照效应	氮素效应	互作效应(光×氮)
谷氨酰胺合成酶活性			
根	<0. 001	<0. 001	0. 116
根状茎	0. 072	0. 213	0. 830
匍匐茎	0. 053	0. 489	0. 727
叶	<0. 001	<0. 001	0. 001

3. 2. 5　光氮互作对凤眼莲组织氨基酸和可溶性蛋白质含量的影响

从实验结果可以看出，凤眼莲根和叶的氨基酸和可溶性蛋白质含量均随光照和氮素营养的增加呈现明显的上升趋势(表 3-7)。在高光条件下，根和叶的总氨基酸含量在高氮营养处理中分别是低氮处理的 1. 29 倍和 1. 49 倍，而在低光条件下，根和叶的总氨基酸含量在高氮营养处理中分别是低氮处理的 1. 17 倍和 1. 21 倍，没有高光条件下上升明显。

表 3-7 光和氮素对组织氨基酸和可溶性蛋白质含量的影响

	实验处理			
	HIHN	HILN	LIHN	LILN
游离氨基酸				
根				
谷氨酸	0. 35±0. 04	0. 32±0. 02	0. 17±0. 01	0. 16±0. 01
谷氨酰胺	0. 26±0. 01	0. 21±0. 04	0. 18±0. 03	0. 15±0. 02
天冬氨酸	0. 57±0. 06	0. 27±0. 03	0. 16±0. 02	0. 14±0. 03
天冬酰胺	5. 88±0. 68	4. 21±0. 54	2. 38±0. 32	1. 82±0. 17
丝氨酸	0. 80±0. 07	0. 66±0. 05	0. 46±0. 05	0. 43±0. 03
甘氨酸	0. 45±0. 05	0. 34±0. 03	0. 27±0. 03	0. 26±0. 10
丙氨酸	0. 66±0. 12	0. 60±0. 10	0. 53±0. 07	0. 51±0. 04
其他	1. 74±0. 32	1. 52±0. 38	0. 86±0. 28	0. 63±0. 12
总氨基酸	10. 71±0. 85	8. 32±0. 27	5. 19±0. 11	4. 42±0. 37
叶				
谷氨酸	2. 23±0. 13	0. 71±0. 06	1. 05±0. 20	0. 61±0. 05
谷氨酰胺	0. 54±0. 03	0. 22±0. 01	0. 19±0. 20	0. 12±0. 01
天冬氨酸	1. 08±0. 26	0. 82±0. 05	0. 74±0. 06	0. 53±0. 08
天冬酰胺	9. 71±0. 44	6. 47±0. 28	4. 61±0. 12	3. 55±0. 37
丝氨酸	1. 36±0. 07	0. 92±0. 14	0. 42±0. 01	0. 33±0. 02
甘氨酸	0. 40±0. 02	0. 29±0. 03	0. 11±0. 00	0. 09±0. 01
丙氨酸	2. 25±0. 29	1. 43±0. 10	1. 35±0. 12	1. 11±0. 07
其他	2. 17±0. 36	2. 08±0. 43	1. 76±0. 14	1. 58±0. 35
总氨基酸	19. 74±0. 65	13. 60±0. 34	10. 71±0. 15	9. 00±0. 46
可溶性蛋白质				
根	5. 88±0. 50	3. 65±0. 50	5. 19±0. 25	3. 06±0. 30
叶	16. 33±1. 34	11. 48±1. 03	13. 84±0. 44	10. 73±0. 54

从氨基酸的组成成分来看，根和叶中的氨基酸主要是天冬酰胺，分别占总氨基酸的41%~54%和44%~52%。在高光条件下，天冬酰胺占总氨基酸的比例高于低光条件下天冬酰胺的比例，随氮素营养的增加表现出相同的趋势。高氮营养处理根和叶的主要氨基酸(谷氨酸、谷氨酰胺、天冬氨酸、天冬酰胺)含量分别比低氮处理主要氨基酸增加了31%和42%。而对于其他次要氨基酸，随着氮素营养的增加，分别增加21%和27%。这表明随氮素营养增加，随着光照和氮素的改变，根的谷氨酸、谷氨酰胺、天冬氨酸、天冬酰胺等主要氨基酸含量变化明显，而次要氨基酸则无明显变化；而在叶中，除主要氨基酸随光和氮素改变而明显改变以外，Ser和Gly含量在不同处理时也存在较大差异。方差分析表明，光照和氮素及其互作对根和叶的总氨基酸含量、可溶性蛋白质含量均有显著影响。见表3-8。

表3-8 **组织总氨基酸和可溶性蛋白质含量Two-way方差分析统计表**

	p值		
	光照效应	氮素效应	互作效应(光×氮)
游离氨基酸			
根	<0.001	<0.001	0.006
叶	<0.001	<0.001	<0.001
可溶性蛋白质			
根	0.045	<0.001	0.807
叶	0.015	<0.001	0.138

3.3 讨论

从本实验的结果可以看出，入侵种凤眼莲的生长以及生物量分配以及氮素同化对光照强度和氮素水平均显示出了很强的可塑性，光照强度和氮素水平均具有显著效应。

从结果来看，资源水平高(高光照强度或高氮素水平)的条件显著促进凤眼莲的生长以及生物量的积累。相对生长速率是影响群落结构和动态的主要因子之一，相对生长速率对环境的适应性具有重要的生态学意义。在对一些鸭跖草科入侵种和本地种进行养分处理时，Burns(2004)发现，在高养分的生态环境中，外来种的相对生长速率和总生物量总是显著大于本地种，但在低养分有效性时差异不显著。高生长速率可增加物种的竞争力和适宜条件下的建群速度，对入侵植物来说，可加快入侵进程。而克隆生长速率的高低反映了凤眼莲的无性繁殖情况，通过加快分株的生长，可以极度扩大植株的空间分布范围，增加植株在一定空间范围内对资源的获取，从而在环境资源的利用上占据优势地位。本结果显示，在高资源水平的条件下，凤眼莲具有更高的相对生长速率和克隆生长速率，表现出对环境资源变化的高度可塑性。由此可见，环境中可获得性营养水平的高低对凤眼莲的克隆繁殖和生长有很大的作用。生物量的分配是入侵植物在环境变化时对资源利用策略的一个重要方面。而对于主要进行无性繁殖的入侵植物凤眼莲来说，克隆生长的特性与其强大的入侵能力之间有着密切的联系，克隆植物具有的整合作用使得主株与分株体间也可通过匍匐茎进行有效的资源分配。因此，在考察凤眼莲的生物量分配策略时，不但包括了生物量在植株地上、地下部分的分配，还涉及生物量在主株与分株间的分配方式。从实验结果来看，光照强度和氮素水平对主株和分株之间生物量的分配有显著的效应。当光照强度和氮素水平升高时，主株和分株生物量以及分株与主株的生物量比值都显著增加。这说明在高资源水平(高光照强度或高氮素水平)的条件下，凤眼莲加大对资源的摄取，使主株与分株生物量均增加，在保证主株生长的同时，又将更多的生物量分配到分株部分，促进分株的生长，加快对水平方向上的生长空间的占领，以获取环境中更多的资源。而当资源水平(光照强度或氮素水平)降低时，由于环境中可利用资源的减少，使得资源向凤眼莲生物量的转化也减少，此时凤眼莲将更多的生物量分配到主株部分，维持主株的生长，以在资源贫乏的条件下首先确保自身的生存。

入侵植物在面对环境变化，如可利用资源发生变化时，不仅在形态、生长和生物量等性状上表现出高的可塑性反应来适应提高对资源的竞争能力，其内在的一些生理机制，如与资源利用有关的氮素代谢等，也同样会产生一些相应的变化，而生理的可塑性是植物对环境影响反应的最直接的表现。

本研究实验结果表明，凤眼莲在应对光照和营养改变时，除了生长和形态上的可塑性反应外，还表现出很强的生理可塑性。其氮素代谢的关键酶如硝酸还原酶和谷氨酰胺合成酶的活性，以及部分代谢产物如游离氨基酸和可溶性蛋白质，都随着光照和氮素营养的增加有明显的增加。硝酸还原酶(NR)是氮素代谢过程的关键酶，其活性在一定程度上反映了植株的营养状况和氮素代谢水平(肖焱波等，2002)。因此，从环境因子如光照、氮素等对 NR 活性的影响上也可以反映出入侵植物凤眼莲在应对环境变化时的一些生理适应性变化。在本实验中，两个氮素代谢关键酶都随着光照和氮素营养的增加而呈显著升高的趋势。Bidwell 等(2006)在研究中发现，入侵杂草往往比本地种有更强的氮素同化能力，表现为其硝酸还原酶 NRA 比本地种植物活性高，其他研究也有相似的报道(Gebauer，1988)。NR_{max} 在组织之间存在差异，叶片的 NR_{max} 活性上升比根和匍匐茎更为明显，而根状茎的 NR 活性变化不明显，表明 NO_3^- 的还原主要在地上部分进行，这对于提高氮素同化效率是极其有利的。由于 NO_3^- 还原过程中还原剂的获得是一个很重要的因素，因此特定植物 NO_3^- 同化的碳需求对 NO_3^- 还原的场所(即 NO_3^- 还原主要在植物地上部位还是在地下部位进行)有很大影响。NO_3^- 还原主要在地上部分的种，可能是在消耗光合作用提供的还原剂上占优势；相反，NO_3^- 还原主要在根部的种，则可能是从糖酵解和戊糖磷酸化途径来获得还原剂(Koren 等，2002)。而根状茎则表现出极低的 NR 活性，随环境变化不明显。Touchette 和 Burkholder(2000)认为，克隆植物的根状茎作为贮存组织，对整个植株的氮素同化贡献极小而作为连接克隆构件的匍匐茎，虽然也被认为是贮存组织，但却体现出较强的氮素还原能力，它的作用还不是很清楚，也可能与构件之间的硝酸根离子的运输和分株的生长有关。与 NR_{max} 活性相似，除根状茎外的组织 NR_{act} 随光照和氮素营养改变而明显变化。但是，只有叶的 NR_{act} 受到光照和氮素的显著影响，而光照和氮素对其他组织的 NR_{act} 影响则不显著，通过对 NR 激活状态分析也可得到相似的结果，这说明叶组织的 NR 活性可能受磷酸化/去磷酸化的方式调控，而在其他组织中的 NR 调控可能是通过其他途经实现的。氨基酸和可溶性蛋白质含量也随着光照和氮素营养的增加而明显增加，在氨基酸组分中天冬氨酸占到了 41%~54%。有研究表明，天冬酰胺作为铵盐同化产物以及潜在的蛋白质贮存形式，在缓解植物代谢过程中的 NH_4^+ 毒害起着主要作用(Choo 等，2002)。在高光高氮条件下，天冬酰胺的大量积累，可能是清除凤眼莲快速同化过程中产生的 NH_4^+ 所致。Choo 等(1999)认为，天冬酰胺的积累可能是嗜氮植物适应高养环境的适应性反应。

综上所述，凤眼莲通过对不同资源水平条件表现出的这些形态和生理可塑性反应来实现其个体的生长、生存和扩散。对一个外来入侵种而言，这种可塑性反应使其潜在的可利用资源大大增加，尤其在多变的环境条件下，这种能力往往使得入侵种能够快速适应新的生境，形成优势种群，这也是凤眼莲入侵能力强的一个重要原因。

第 4 章　光氮互作对凤眼莲光合作用的影响研究

光合作用是植物进行物质生产的基本过程，植物 95%以上的干物质积累是由光合作用提供的。有研究表明，植物的光合特性可能与入侵性有关(Williams 和 Black，1993；Pattison 等，1998)。氮是植物所需的最重要的环境资源之一，影响着植物的生长和生物量分配，在一定范围内，随着氮素的增加，植物相对生长速率、最大净光合速率、叶面积比和叶生物量比升高，根冠比降低(Durand 等，2001)。光是影响植物光合作用最重要的生态因子，植物对光能的捕获和利用效率的高低是其能否适应环境并很好地生存下去的决定性因素。本研究的主要目的在于检验不同氮素营养和光照条件对入侵植物凤眼莲叶片光合和碳同化物分配的影响，探讨在不同氮素营养和光照条件下凤眼莲对环境的适应机制。

4.1　材料和方法

4.1.1　植物材料

本实验所用材料凤眼莲采自富营养化的水体——武汉南湖(E114°21′，N30°33′)。材料采回后，将其去掉污泥和附生植物，用 0.5%的次氯酸盐溶液冲洗干净。对采回的凤眼莲先做缺氮处理，于温室中培养两个星期。温室条件设置为 30℃光/22℃暗，12h 光/12h 暗。

缺氮培养液按照修改后的1/4 Hoagland营养液不加氮素配制而成，各组分浓度为：2.5mmol/L $MgSO_4$，2mmol/L KH_2PO_4，0.27mmol/L Fe-EDTA，微量元素（57.7μmol/L H_3BO_3、1.9μmol/L $ZnSO_4 \cdot 7H_2O$、0.8μmol/L $CuSO_4 \cdot 5H_2O$、0.5μmol/L H_2MoO_4、11.3μmol/L $MnCl_2$）。培养体系每3天更换一次新鲜的营养液。

待2周预培养结束后，选取新生的分株作为实验材料，根长度不超过1cm，3~4片叶，将凤眼莲进行不同的实验处理：把材料转移到4个新的容器（长×宽×高=100cm×30cm×20cm）中进行培养，在新环境中进行双因素交叉实验，设置4个处理，3次重复：因素一光照，包括高光（HL 300±25μmol/($m^2 \cdot s$)）低光（LL 50±5μmol/($m^2 \cdot s$)）两种；因素二氮素，包括高氮HN 2.5mmol/L $Ca(NO_3^-)_2$和低氮LN 0.25mmol/L $Ca(NO_3^-)_2$两种，即总共有高光高氮（HL-HN）、高光低氮（HL-LN）、低光高氮（LL-HN）、低光低氮（LL-LN）这4个处理。除氮素以外的其余基本营养元素仍按修改后的1/4 Hoagland营养液配制，氮素以外的各组分浓度不变，低氮处理中缺少的Ca^{2+}浓度通过补加$CaCl_2$，使其保持5mmol/L。营养液的pH调整到5.8。收获后分别测生物量，根、叶中*in vitro* NR活性，NR激活状态，GS活性，组织硝酸根离子浓度，以及游离氨基酸和可溶性蛋白质含量。

4.1.2 组织可溶性糖含量的测定

组织可溶性糖含量测定采用苯酚-硫酸显色法测定（Dobuis，1956）。取1g新鲜材料，用液氮研磨，将研磨的粉末转移至7mL离心管中，加入5mL 80%乙醇，80℃水浴30min，匀浆以15000rpm离心10min，取上清液，用于测定可溶性糖含量。取上清液1mL，加入0.5mL 9%苯酚溶液，再加入2.5mL浓硫酸，混匀充分反应后静置至室温，以加入蒸馏水的试管作为空白对照在485nm处测定混合液的吸光值，在绘制的标准曲线中查得可溶性糖的浓度，以μmol葡萄糖/g鲜重表示。

4.1.3 组织淀粉含量的测定

淀粉测定参照等(Thévenot 等，2005)的方法略作修改。测定可溶性糖匀浆离心后的沉淀，反复用80%乙醇漂洗，直至漂洗液与苯酚硫酸反应后不显色为止。50℃烘干后加入 1mL 5mol/L NaOH 溶液，30℃水浴 1h，其间不断轻轻摇。加入 15U 淀粉葡萄糖苷酶(Sigma)，55℃水解淀粉 30min。混合液以 12000rpm 离心 10min，上清液中的葡萄糖用上文描述过的苯酚-硫酸法测定，组织淀粉含量以 μmol 葡萄糖/g 鲜重表示。

4.1.4 叶绿素含量的测定

叶绿素含量测定：取新鲜叶片 0.2g，用液氮研磨成粉末，悬浮于80%丙酮中。过滤后定容至 25mL，用分光光度计分别在 645nm 和 663nm 处测吸光值，用段光明等(1992)的方法计算叶片叶绿素含量。

4.1.5 光合速率的测定

采用 CID-340 便携式光合作用测定系统，对两种不同光氮组合处理的植株叶片进行测定。测定时，使用开放系统，空气流量为 500mL/min，叶室温度控制在25℃，相对湿度为50%。每个叶片测定3次，取平均值。测定净光合速率(P_n)(μmol/(m^2·s))、胞间 CO_2浓度(C_i)、气孔导度(C)等光合作用参数。

4.1.6 统计学分析

对比光照强度和氮素水平两种环境因子影响的显著性时，采用软件 SPSS 11.5 对凤眼莲各处理的组织可溶性糖、淀粉含量、叶绿素含量、光合速率、气孔导度、细胞间 CO_2浓度进行 Two-wayANOVA 方差分析。差异显著度以 p 值表示，当 $p<0.001$ 时，差异极显著；当 $p<0.01$ 时，差异较显著；当 $p<0.05$ 时，差异显著；当 $p>0.05$ 时，差异不显著。

4.2 结果与分析

4.2.1 光氮互作对凤眼莲叶片叶绿素和光合作用的影响

由表4-1看出，4个处理间的叶片叶绿素含量有明显的差异。氮素营养的增加显著提高了叶绿素含量，在高光和低光条件下，随氮素营养的增加，叶片叶绿素含量分别增加了66%和52%。高光和低光处理间也存在显著差异，叶绿素随光照的增加而显著下降；在高氮和低氮条件下，叶片叶绿素随光照的增加分别下降了54%和52%。方差分析表明，光、氮及互作对凤眼莲叶绿素含量均有显著影响。

表4-1 凤眼莲叶绿素含量和光合作用参数

测定指标	实验处理			
	高光高氮	高光低氮	低光高氮	低光低氮
叶绿素含量	1.23±0.03	0.74±0.05	1.69±0.05	1.11±0.03
净光合速率	12.40±1.18	6.58±0.39	4.43±0.46	2.57±0.24
气孔导度	363.3±8.2	339.9±41.1	357.0±5.0	323.5±24.0
胞间 CO_2浓度	325.1±2.7	337.9±4.4	362.3±8.1	361.8±3.6

方差分析表明，光照和氮素营养以及互作对凤眼莲的叶绿素含量、净光合速率、气孔导度、胞间 CO_2浓度的影响均达到极为显著水平（表4-2）。

通常在一定范围内，光照和氮素营养对植物的光合速率会产生明显的影响。表4-1所示，光照和氮素营养均对凤眼莲的光合特性有一定影响。提高凤眼莲的氮素营养，可明显提高其净光合速率，在高光和低光条件下，分别提高了104%和72%。气孔是植物叶片与大气进行气体交换的通道，其闭合程度直接影响叶片的光合作用和蒸腾作用。随着光

表 4-2　　**凤眼莲叶绿素含量和光合作用参数的方差分析**

	p 值		
	光照效应	氮素效应	互作效应(光×氮)
叶绿素含量	<0.001	<0.001	0.040
净光合速率	<0.001	<0.001	<0.001
气孔导度	<0.001	0.039	0.218
胞间 CO_2浓度	<0.001	0.013	0.670

照和氮素营养的增加，叶片气孔导度表现出增高趋势，表明凤眼莲气孔运动与光照和氮素密切相关，对维持气孔开度和提高气孔的气体交换能力有着重要作用。叶片胞间 CO_2浓度除与气孔开度有关外，还受叶绿体光合碳同化和碳还原能力的影响。高光条件下的叶片胞间 CO_2浓度小于低光处理，且随氮素浓度变化呈现出差异，在相同的光照条件下，随着氮素营养的增加而减小。由于光照和氮素的增加使得叶片的气孔导度略有增加，所以导致低光和低氮条件下，胞间 CO_2浓度升高的主要原因可能是其光合能力较低而形成的聚集。由此可见，气孔因素是氮素影响凤眼莲叶片光合作用的一个主要方面。氮素营养的增加提高了其叶片气孔的敏感程度。

4.2.2　光氮互作对凤眼莲组织淀粉和可溶性糖的影响

可溶性糖和淀粉是植株重要的碳代谢产物，植株体内淀粉和糖的含量受光合生产、碳代谢及氮代谢的共同影响。凤眼莲组织的可溶性糖和淀粉的含量如图 4-1 所示，可溶性糖在叶片的含量最高，根状茎和匍匐茎等贮藏组织的含量次之，而在根中的含量最低。在相同的供氮水平下，强光生长条件下的组织可溶性糖的含量均明显高于弱光处理。高光生长条件下，根、叶和匍匐茎等组织可溶性糖含量随供氮量的增加而减少。仅有根状茎的组织可溶性糖含量随氮素营养的增加而略有增加。而在低光下，除根之外的其他组织可溶性糖含量随氮素营养的增加而增加。

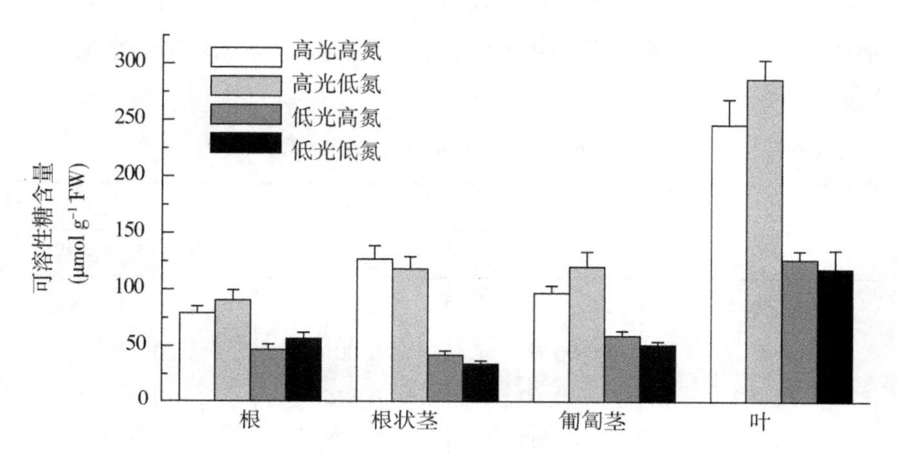

图 4-1　光和氮素营养对凤眼莲组织可溶性糖含量的影响

凤眼莲组织淀粉含量也随着光和氮素的变化而改变，如图 4-2 所示，并且在组织间的含量也呈现出明显差异。叶的淀粉含量最高，根状茎和匍匐茎次之，根的淀粉含量最低。与可溶性糖随光的变化趋势相

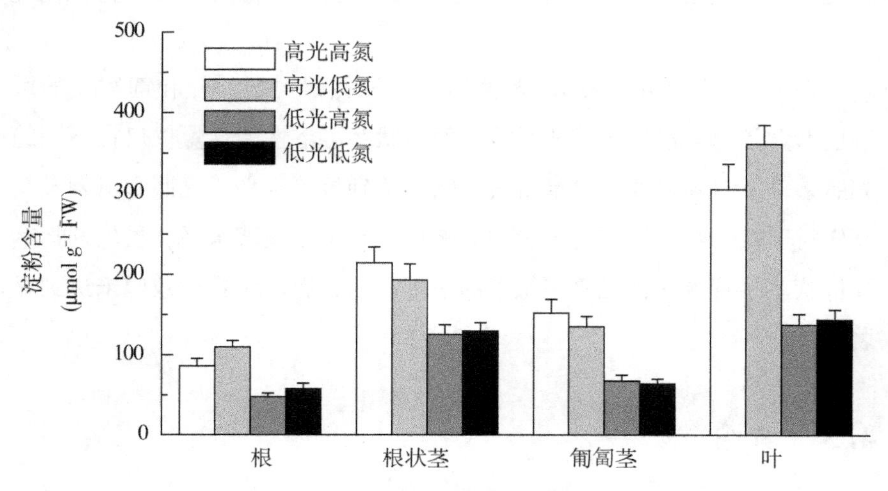

图 4-2　光和氮素营养对凤眼莲组织淀粉含量的影响

同，相同氮素营养条件下各组织淀粉含量随光照的减少而急剧下降。在相同的光照条件下，根和叶的淀粉含量随着氮素的增加而略有下降，而根状茎和匍匐茎等贮藏组织中的淀粉含量则随着氮素的增加而增加。

表 4-3　**Two-way ANOVA 方差分析结果**

	p 值		
	光照效应	氮素效应	互作效应(光×氮)
可溶性糖			
根	<0.001	0.001	0.758
根状茎	<0.001	0.815	0.086
匍匐茎	<0.001	0.028	<0.001
叶	<0.001	0.031	0.002
淀粉			
根	<0.001	<0.001	0.037
根状茎	0.035	0.204	0.065
匍匐茎	<0.001	0.001	0.727
叶	<0.001	0.002	0.011

Two-way 方差分析表明(表 4-3)，光和氮素对根、叶和匍匐茎的可溶性糖含量都有极为显著的影响，而根状茎可溶性糖含量仅仅在不同的光照条件下差异显著，氮素对其影响未达到显著水平。光照和氮素及其互作对于根和叶组织淀粉含量的影响也达到了极显著水平，虽然匍匐茎和根状茎尽管也受到光照和氮素的显著影响，但两者互作效应未达到显著水平。

4.3　讨论

生物入侵的原因是多方面的，可能是由于外部适合入侵植物的生态环境和本身生物学特性互相作用的结果。有研究发现，高养分环境对入侵种是有利的，与土著种相比，外来入侵种一般表现较高的相对生长速率、叶面积比和最大净光合速率(Williamson 和 Fitter，1996；Williams 等，1995；Mcdowell，2002)。从我们的研究结果可以看出，在高光高氮的条件下，凤眼莲的净光合速率比低氮条件下有显著的增加，表明氮素营养水平是决定凤眼莲光合作用的主要环境因素之一。人类活动造成生境的氮素大量增加，而凤眼莲多入侵富营养化的水体，因此水体富营养化被认为是促进凤眼莲入侵的一个重要环境因素。而植物外来种的应对营养变化的生理策略对入侵、生存和扩展也是极为重要的。有研究表明，有些外来种植物具有比本地种更强的光能利用力和光合响应机制，从而使它们具有很强的入侵潜力。

光照和氮素营养对光合作用的影响主要通过影响叶片气体交换参数、叶绿素含量和气孔导度三个方面来实现，而且这三个方面相互影响，高的气孔导度和光合色素含量是高光合速率形成的基础。本实验结果表明，氮素对影响凤眼莲光合作用的气孔因素有显著作用，光照和氮素供应显著提高了叶片的气孔导度和净光合速率，对其适应性有着重要意义。研究发现，凤眼莲具有很高的 CO_2同化速率，比许多水生植物都要高出很多，并且具有很高的光和 CO_2 补偿点(Spencer 和 Bowes，1986)，李学宝等(1994)研究表明，凤眼莲光合效率比外来种喜旱莲子草的光合效率高，因此可以高效同化 CO_2和积累干物质，为其快速生长奠定了生理基础。加上其形态和克隆繁殖的特性，凤眼莲往往表现出比一些 C_4植物还要高的生长速率(严国安等，1994)。

凤眼莲对光和氮营养的适应范围较广，并偏好高光和高氮营养环境，且在高光条件下克隆生长、光合速率和蒸腾速率加快，这对于其在与生态环境中本地种竞争资源是十分有利的。作为一种热带植物，凤眼莲表现出对高光和高养分的很强的适应性，一方面通过增加叶片数和分枝数使叶面积指数增大，严重荫蔽其他植物，占据更多的光合营养的资源，具有明显的竞争和资源获取优势；Klimes 等(1999)在研究克隆植

物 *Phragmites australis* 根状茎碳水化合物含量的季节性变化时发现，克隆植物根状茎可溶性糖含量占总碳水化合物高比例有利于其在逆境中的生存。对于外来植物凤眼莲，可能存在相似的碳素同化物的调节机制，在生长环境有利的情况下，凤眼莲贮藏组织根状茎贮存同化物较少，而大部分营养运输至光合组织中进行生物生产，而在不利的环境中，贮藏组织贮存能力加强，有利于凤眼莲渡过不利环境。

第5章　凤眼莲对铵盐胁迫响应的研究

铵态氮(NH_4—N)与硝态氮(NO_3—N)是富营养化水体中的两种重要氮形态(金相灿、刘鸿亮，1990)，它们都是植物可吸收利用的氮素形态，但植物对二者的吸收、运输、储藏和同化存在很大差异，对植物的正常生理过程和生长发育都有着很大的影响(Majerowicz 和 Kerbauy，2002；朱增银等，2006)。对于高等植物来说，铵离子作为单独的氮素营养，特别是高浓度情况下，往往会使植物生理代谢紊乱，并由此引起植物生长抑制(Britto 和 Kronzucker，2002)。有研究表明，铵盐同化过程中的酶在植物耐受环境中高浓度的铵盐中起着重要作用(Ameziane 等，2000)，往往具有高 GS 活性的植物物种表现出对铵盐的高耐受性(Glevarec 等，2004)。因此，研究外来种克隆植物对铵盐胁迫的生理反应，有助于了解其在不利环境条件下的耐受能力，对于研究生物入侵有着重要的意义。通过比较分析不同形态的氮素营养对其生长和氮素代谢的影响，可揭示外来种克隆植物氮素代谢关键酶在铵盐胁迫下的作用。

5.1　材料和方法

5.1.1　研究材料与生长条件

实验材料来自武汉大学温室培养的植株，同第 3、4 章。材料以修改的 Hoagland 液培养 3 周。NO_3—N 营养液各组分浓度为：2.5mmol/L

$MgSO_4$，2mmol/L KH_2PO_4，0.27mmol/L Fe-EDTA，微量元素(57.7μmol/L H_3BO_3、1.9μmol/L $ZnSO_4 \cdot 7H_2O$、0.8μmol/L $CuSO_4 \cdot 5H_2O$、0.5 μmol/L H_2MoO_4、11.3μmol/L $MnCl_2$) NO_3^- 以 $Ca(NO_3)_2$ 供给，NH_4—N 各组分浓度为 2.5mmol/L $MgSO_4$，2mmol/L KH_2PO_4，5mmol/L $CaSO_4$，0.27mmol/L Fe-EDTA，微量元素(57.7μmol/L H_3BO_3、1.9μmol/L $ZnSO_4 \cdot 7H_2O$、0.8μmol/L $CuSO_4 \cdot 5H_2O$、0.5μmol/L H_2MoO_4、11.3μmol/L $MnCl_2$)，NH_4^+ 以 $(NH_4)_2SO_4$ 供给，营养液中终浓度分别为0.5、1、3、5、7(单位：mmol/L NO_3^- 或者 NH_4^+)，营养液 pH 值保持在5.8。

5.1.2 收获

单克隆植物培养21天后收获，记录每个主株产生的分株数，85℃ 24h 烘干后用以测定植株的干重和硝酸根离子的含量。其他处理的新鲜材料用于测定根和叶的 NR、GS 和 GDH 酶活性以及 NH_4^+ 浓度。

5.1.3 硝酸还原酶活性测定

5.1.3.1 缓冲液的配制

In vitro NR 测定：

研磨液(Buffer A)：

HEPES-KOH (pH 7.5)，50mmol/L；

氯化镁，5mmol/L；

EDTA，0.5mmol/L；

DTT，5mmol/L；

PMSF，0.2mmol/L；

FAD，10μmol/L；

亮抑酶肽，50μmol/L；

甘油(*V/V*)，10%；

PVPP(*W/V*), 1%;

Triton X-100 (*W/V*), 0.1%。

分析液(Buffer B):

磷酸钾 buffer (pH7.5), 50mmol/L;

硝酸钾, 10mmol/L;

NADH, 0.2mmol/L;

EDTA (测 NRmax), 2mmol/L;

$MgCl_2$(测 NRact), 5mmol/L。

5.1.3.2 *In vitro* 硝酸还原酶活性测定

In vitro NR 活性的测定按照修改后的 Kaiser 和 Huber (1997)的方法进行。取 0.5 g 植物材料于研钵中，加入液氮充分研磨成粉末后，将其悬浮于 1.5mL Buffer A 中。4℃以 12000rpm 离心 20min，上清液即为 NR 酶粗提液。取酶液 0.25mL 于试管中，加入 0.75mL *in vitro* NR 分析液(包括测 NRmax 和 NRact 两种体系)，在 30℃下水浴 10min 后，加入 0.05mL 0.5mol/L 的醋酸锌溶液以终止反应，并吸取反应溶液 0.5mL 于一试管中，加入磺胺试剂和 α-萘胺试剂以显色法来测定 NO_2^- 的含量，静置 10min 后，用 UNICO 生产的 UV-2100 型紫外可见分光光度计进行比色测定，比色时用 540nm 波长，记下光密度，从标准曲线上查得 NO_2^- 含量，然后计算酶活性，以每克鲜重材料每小时催化生成 NO_2^- 的微摩尔数表示，即 μmol NO_2^- $g^{-1}FWh^{-1}$。NR 活性用以下公式计算：

$$\text{样品中酶活性}(\mu mol\ g^{-1}FW\ h^{-1}) = \frac{\dfrac{V_1 X}{V_2}}{Wt}$$

式中，X 为酶催化产生的亚硝态氮总量(μmol)；

V_1 为酶促反应时加入的缓冲液体积(mL)；

V_2 为显色反应时加入的粗酶液体积(mL)；

W 为样品重量(g)；

t 为反应时间(h)。

NR 激活状态计算公式为：

$$\frac{NR_{act}}{NR_{max}} \times 100\%$$

式中，NR_{act} 为 Mg^{2+} 存在下的实际 NR 活性值；

NR_{max} 为 EDTA 存在下的最大 NR 活性值。

5.1.4　谷氨酰胺合成酶活性测定

5.1.4.1　缓冲液的配制

(1)GS 提取液：

Tris-Hcl(pH7.6)，100mmol/L；

β-Me，10mmol/L；

氯化镁，1mmol/L；

EDTA，1mmol/L；

PMSF，0.2mmol/L；

亮抑酶肽，50μmol/L；

甘油（V/V），10%。

(2)反应液：

咪唑缓冲液（pH7.5），100mmol/L；

ATP，11.4mmol/L；

羟氨，45mmol/L；

硫酸镁，45mmol/L。

(3)反应终止液：

三氯化铁盐酸溶液，10%；

三氯乙酸，24%；

盐酸，50%。

5.1.4.2 GS活性测定

GS酶活性的测定按照修改后的Rhodes等(1975)的方法进行。取0.5g植物材料于研钵中，加入液氮充分研磨成粉末后，将其悬浮于1.5mL GS提取液中。4℃以12000rpm离心20min，上清液即为GS酶粗提液。取1mL酶提取液加入等量反应液，在37℃下水浴15min，其间轻轻摇匀数次，加入2mL反应终止液终止反应，4℃下以4000rpm离心5min。上清液用UNICO生产的UV-2100型紫外可见分光光度计进行比色测定，比色时用540nm波长，记下光密度。从标准曲线上查得产物γ-谷氨酰胺异肟酸含量，计算出GS活性。一个GS活性单位定义为每分钟37℃催化生成1μmol γ-谷氨酰胺异肟酸所需要的酶量。

5.1.5 硝酸根离子含量测定

组织硝酸根离子含量依据Cataldo(1975)的方法进行。取0.1g干材料加入1mL蒸馏水，45℃水浴60min，以5000rpm离心10min。取上清液50μL加入200μL 5%水杨酸硫酸溶液，混匀后静置2min，加入4.75mL 2mol/L NaOH溶液，以加入蒸馏水的试管作为空白对照在410nm处测定混合液的吸光值，在绘制的标准曲线中查得硝酸根离子浓度，以μmol/g干重表示。

5.1.6 谷氨酸脱氢酶活性测定

谷氨酸脱氢酶(GDH)活性测定依照Cammaerts和Jacobs(1985)的方法略作修改。取1g新鲜材料，用液氮研磨成粉末，加入3mL 0.2mol/L Tris-HCl缓冲液(pH8.2)研磨至溶化，匀浆以20000g 4℃离心20min，取上清液供测定酶活性。反应液由100mmol/L pH8.2 Tris-HCl缓冲液、150mmol/L $(NH4)_2SO_4$、20mmol/L α-酮戊二酸、1mmol/L氯化钙、140mmol/L还原型NADH组成。取反应液2.8mL，加入0.2mL酶提取液，摇匀后在分光光度计340 nm处每隔1min记录吸光值，直到吸光值无变化为止，用无谷氨酸的反应液作为对照。GDH 活性以 1g 新鲜材料 1min 在 30℃ 下氧化 1μmol 的 NADH 为一个酶活性单位。

5.1.7　组织铵离子浓度测定

组织 NH_4^+ 提取依照 Husted 等(2000)的方法。取 0.2g 新鲜材料用液氮研磨成粉末，加入 1mL 10mmol/L 甲酸研磨至溶化。匀浆装入 1.5mL 离心管中，以 12000rpm 4℃ 离心 10min，上清液用于分析组织 NH_4^+ 浓度。NH_4^+ 浓度测定用苯酚显色法(Solozano，1969)。取提取液 400μL，加入 50μL 11mmol/L 苯酚 95%的甲醇溶液，50μL 1.7mmol/L 硝普钠溶液和 0.68mmol/L 柠檬酸钠 0.25mol/L NaOH 溶液，充分混匀。避光 25℃ 1h，测定 640nm 的吸光值。

5.2　结果与分析

5.2.1　生长速率和克隆生长

不同的氮素浓度的 NO_3^- 和 NH_4^+ 均对入侵植物凤眼莲的生长速率和克隆结构有明显的影响，如图 5-1 所示。相对生长速率随 NO_3^- 浓度的增加而增加，NO_3^- 营养为 7mmol/L 的凤眼莲生长最快，相对生长速率为 0.09621±0.007$gg^{-1}d^{-1}$。而当可利用氮素形式为 NH_4^+ 时，氮素在 5mmol/L 时凤眼莲生长最快，相对生长速率为 0.08497±0.007 $gg^{-1}d^{-1}$。随着 NH_4^+ 浓度进一步增加至 7mmol/L，其相对生长速率为 0.08112±0.004 $gg^{-1}d^{-1}$，与最高值相比下降了 4.5%，表明高浓度的 NH_4^+ 抑制了凤眼莲的生长，而较高浓度的 NO_3^- 促进了凤眼莲的生长。从氮源形态上看，在低浓度营养条件下(0.5~3mmol/L)，供 NH_4^+ 植株比供 NO_3^- 植株表现出更高的相对生长速率，而在高氮营养条件下(5~7mmol/L)，NO_3^- 植株较 NH_4^+ 植株生长更为快速。

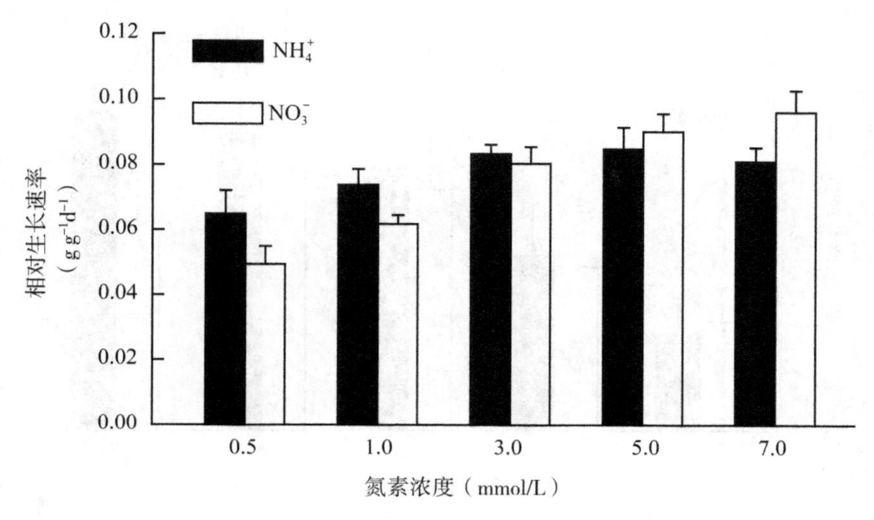

图 5-1　不同浓度的 NO_3^- 和 NH_4^+ 对凤眼莲生长的影响

不同浓度的 NO_3^- 和 NH_4^+ 对凤眼莲的克隆结构也有明显的影响，如图 5-2 所示。在 NO_3^- 营养条件下，凤眼莲克隆分株数随氮素营养的增加而增加，在营养液为浓度 7mmol/L，分枝数达到最高值 4. 8±0. 8。而在 NH_4^+ 营养条件下，营养液 5mmol/L 时分枝最多为 4. 0±0. 9。随着 NH_4^+ 营养增加至 7mmol/L，分枝数开始明显下降，较最大值下降了 21%，表明高 NH_4^+ 抑制了凤眼莲克隆分株的产生，克隆分株数的减少导致凤眼莲生长速率的下降。比较两种不同的氮素形态，可以看出，在相同氮素浓度条件下，供 NO_3^- 植株的克隆分株数要大于供 NH_4^+ 植株的克隆分株数，唯一的例外出现在供氮素营养为 0. 5mmol/L 时，供 NH_4^+ 植株克隆分株数为 1. 7±0. 5，是供 NO_3^- 植株的克隆分株数的 1. 1 倍。

5. 2. 2　硝酸根离子和铵离子含量测定

不同浓度的 NO_3^- 和 NH_4^+ 对凤眼莲根和叶的 NO_3^- 和 NH_4^+ 含量见图 5-3 和图 5-4。

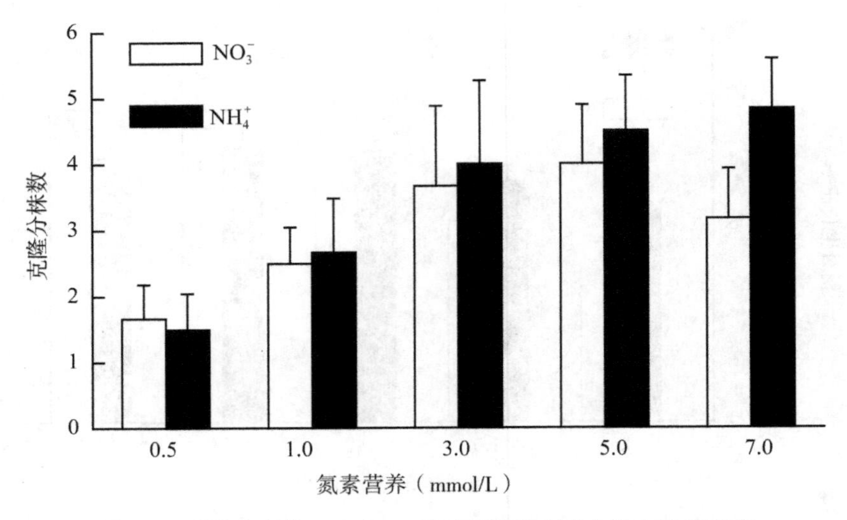

图 5-2　不同浓度的 NO_3^- 和 NH_4^+ 对凤眼莲克隆分株生长的影响

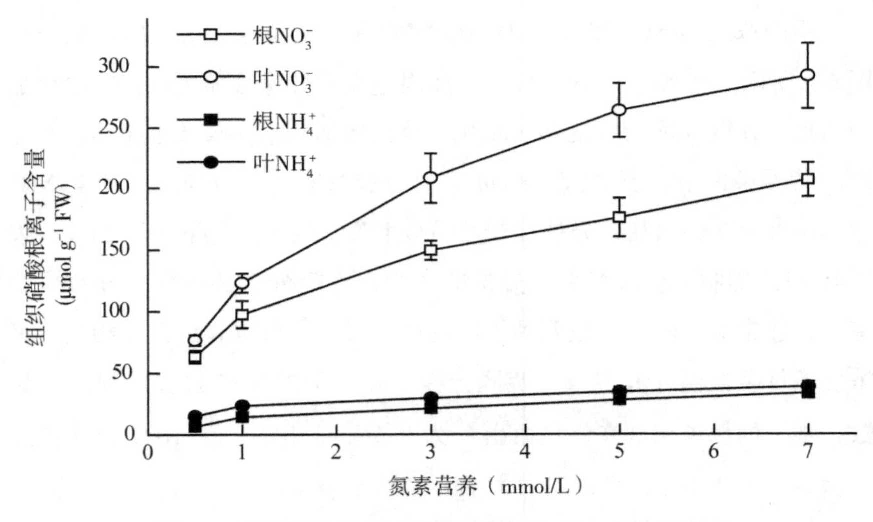

图 5-3　不同氮素营养对凤眼莲根和叶 NO_3^- 含量的影响

NO_3^- 实验处理中，随着 NO_3^- 处理浓度增加，根、叶的 NO_3^- 含量出现逐渐增加的趋势，当 NO_3^- 营养浓度为 7mmol/L 时，根和叶的 NO_3^- 含量均为最高，分别为206.1μmol g^{-1}DW 和291.5μmol g^{-1}DW。凤眼莲叶片的 NO_3^- 含量高于根部的含量，表明在 NO_3^- 作为氮素营养时，根所吸收的大部分 NO_3^- 运输到地上部分进行同化，而在其根部中同化的比例较小。而当 NH_4^+ 作为氮素营养时，根和叶的 NO_3^- 含量也随 NH_4^+ 处理浓度的增加而出现增加的趋势，但增加不明显，最高仅为26.9μmol g^{-1} DW 和38.6μmol g^{-1}DW，明显小于 NO_3^- 处理的组织 NO_3^- 含量，分别仅为 NO_3^- 处理最高值的13.1%和13.2%。

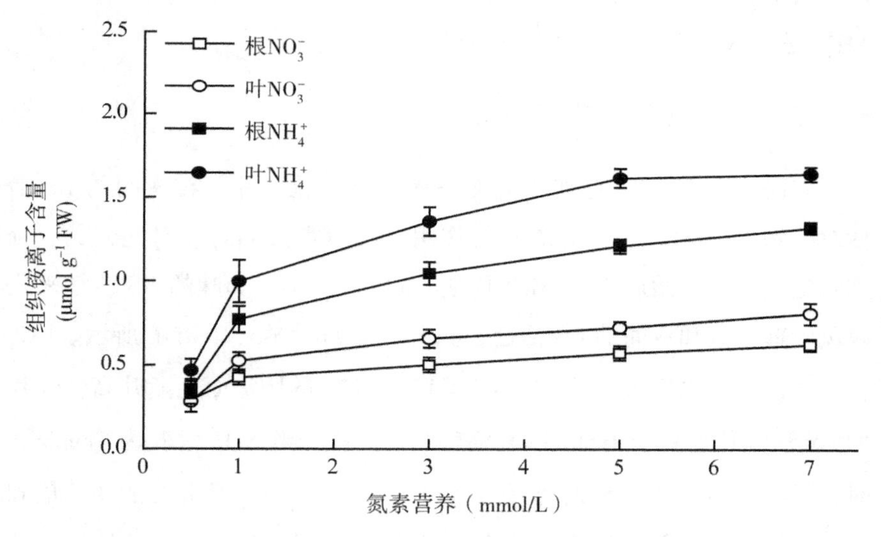

图5-4　不同氮素营养对凤眼莲根和叶含量 NH_4^+ 的影响

不同浓度的 NO_3^- 和 NH_4^+ 对凤眼莲根和叶的 NH_4^+ 含量的影响如图5-4所示。与 NO_3^- 含量相似，根、叶的 NH_4^+ 含量随处理的 NO_3^- 和 NH_4^+ 浓度的增加而增加，叶片的 NH_4^+ 较根部的 NH_4^+ 含量高，只有在0.5mmol/L NO_3^- 处理中，根的含量略高于叶的含量。对于不同形态的氮源营养，提供 NH_4^+ 营养的凤眼莲根和叶的 NH_4^+ 含量均高于 NO_3^- 条件下根和叶的 NH_4^+ 含量。在 NO_3^- 营养条件下，根和叶的 NH_4^+ 含量在

7mmol/L 处理中达到最高值，分别为 0.62±0.03μmol g^{-1}FW 和 0.81±0.06μmol g^{-1}FW，是在 0.5mmol/L 处理最低值的 2.1 倍和 2.9 倍。与 NO_3^- 营养相比，NH_4^+ 营养条件根和叶的 NH_4^+ 含量随营养的增加有相似的变化趋势，但较之增加明显。当 NH_4^+ 营养浓度为 7mmol/L 时，根和叶 NH_4^+ 含量分别为 1.32±0.03μmol g^{-1}FW 和 1.65±0.04μmol g^{-1}FW，分别是最小值的 3.7 倍和 3.5 倍。

比较两种形态的氮素营养，NH_4^+ 处理植株根和叶的 NH_4^+ 含量大于供 NO_3^- 植株根和叶的 NH_4^+ 含量，其根和叶的 NH_4^+ 含量最大值(7mmol/L NH_4^+)是供 NO_3^- 营养最大值的 2.0 倍和 2.1 倍。

5.2.3　谷氨酰胺合成酶活性

有研究表明，GS 存在明显的昼夜节律变化，并且在夜间的 GS 活性对植物耐受 NH_4^+ 胁迫有着重要作用(Cruz 等，2006)。对此，我们分别测定光周期开始后第 4h 和暗周期开始的第 2h 根和叶的 GS 活性来代表凤眼莲白天和夜间的 GS 活性，测定结果如图 5-5、图 5-6 所示。NO_3^- 营养条件下，白天根、叶 GS 活性都随着 NO_3^- 的增加而逐渐升高，叶片的 GS 活性总是高于根部的 GS 活性(图 5-5)。当 NO_3^- 营养为 7mmol/L 时，最高为 70.5 和 85.2，分别是在 0.5mmol/L NO_3^- 营养时的 3.5 倍和 2 倍。在 NH_4^+ 营养条件下，供给 NH_4^+ 营养 0.5~5mmol/L，植株根和叶的 GS 活性增加明显，在 NH_4^+ 营养液为 5mmol/L 时活性最高，分别为 132.9 和 180，随着 NH_4^+ 的进一步增加而逐渐下降为 125 和 171，比最高值分别下降了 5.3%和 5.0%。

与白天 GS 活性相比，夜间凤眼莲根和叶的 GS 活性有明显下降(图 5-6)。在供给 NO_3^- 的营养条件下，根、叶 GS 活性较低，最高为 16 和 24.4，仅为白天最高值的 22.7%和 28.6%，并且随 NO_3^- 的增加变化不明显。在 NH_4^+ 营养处理中，夜间根和叶的 GS 活性均随 NH_4^+ 浓度的增加而增加，与白天 GS 活性不同，最高值出现在供 7mmol/L 处理的植株

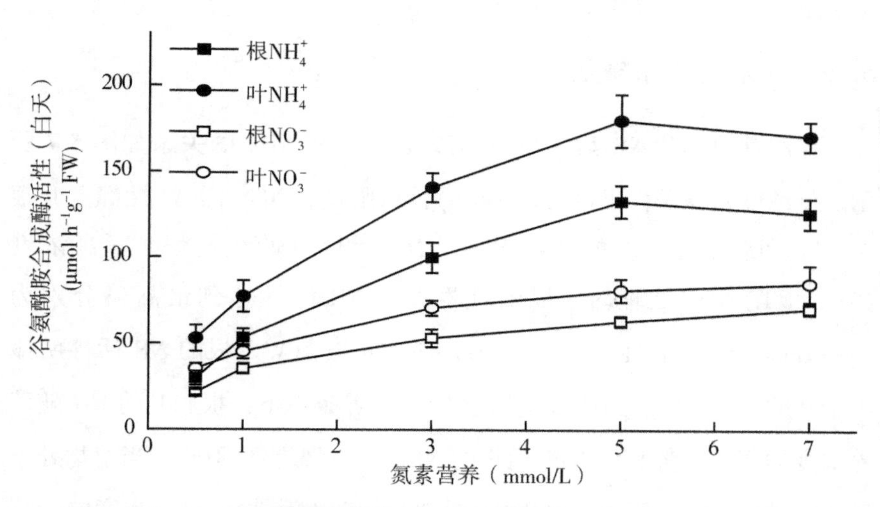

图 5-5 不同氮素营养对白天凤眼莲根和叶 GS 活性的影响

中，分别为 45.6 和 71.7，分别为白天最高值的 36.2%和 42.9%，表明 NH_4^+ 营养处理夜间根、叶的 GS 活性与供 NO_3^- 植株相比，维持在一个较高的水平。对于不同形态的氮源，NH_4^+ 处理根和叶的 GS 活性均明显高于 NO_3^- 处理根和叶的 GS 活性。

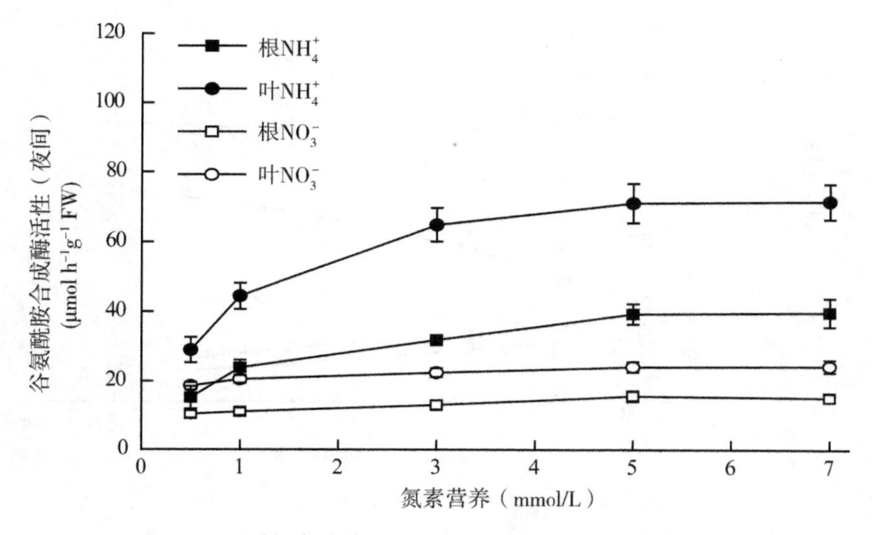

图 5-6 不同氮素营养对夜晚凤眼莲根和叶 GS 活性的影响

5.2.4 硝酸还原酶活性

凤眼莲根和叶 NR 活性与不同浓度 NO_3^- 和 NH_4^+ 的关系如图 5-7 所示。低浓度营养条件下(0.5mmol/L)，凤眼莲根和叶 NR 活性都上升很快，随后随着氮浓度的继续升高，NR 活性开始缓慢增加。高浓度(7mmol/L) NO_3^- 处理时，凤眼莲根、叶 NR 活性达到最高值分别为 1.96μmol $NO_2^-h^{-1}g^{-1}$FW 和 2.57μmol $NO_2^-h^{-1}g^{-1}$FW。根的 NR 活性明显小于叶的 NR 活性。当凤眼莲处于 NH_4^+ 营养条件下，根和叶的 NR 随营养浓度的变化趋势与供 NO_3^- 植株的 NR 活性有着明显不同。当植物处于低 NH_4^+ 营养时(小于 1mmol/L)，根和叶的 NR 活性随 NH_4^+ 浓度的升高而增加。随着 NH_4^+ 浓度的进一步升高，根和叶的 NR 活性开始下降。当 NH_4^+ 浓度增加到 7mmol/L 时，NR 活性下降到最小值，根叶的 NR 活性分别为 0.24μmol $NO_2^-h^{-1}g^{-1}$FW 和 0.31μmol $NO_2^-h^{-1}g^{-1}$FW，较 1mmol/L NH_4^+ 营养时的 0.59μmol $NO_2^-h^{-1}g^{-1}$FW 和 0.76μmol $NO_2^-h^{-1}g^{-1}$FW，均下

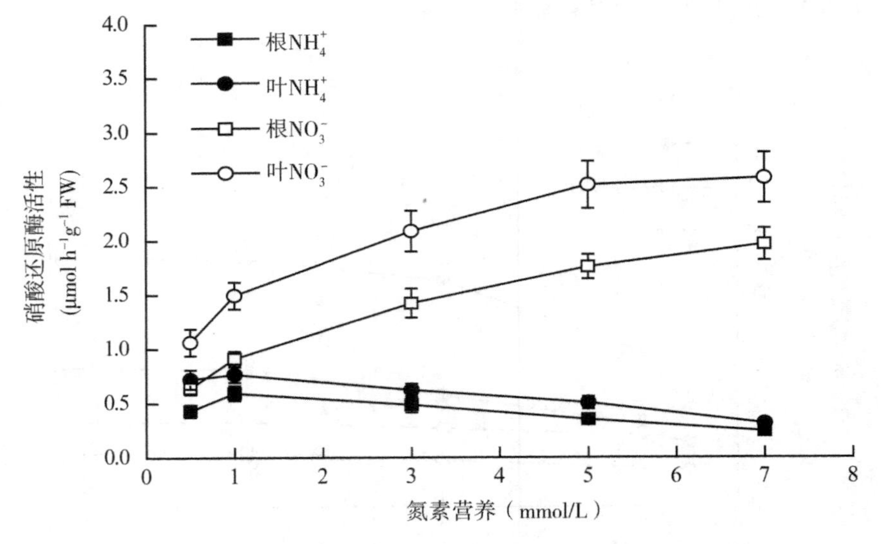

图 5-7　不同氮素营养对凤眼莲组织 NR 活性的影响

降了 59%。与供 NO_3^- 营养的植株组织 NR 活性相比，在 NH_4^+ 处理中根和叶 NR 活性明显下降，这说明 NH_4^+ 对凤眼莲的 NR 活性有抑制作用。

5.2.5 谷氨酸脱氢酶活性

不同浓度的 NO_3^- 和 NH_4^+ 对凤眼莲 GDH 活性有明显的影响，如图 5-8所示。根和叶的 GDH 活性都随着氮素营养的增加而升高，在 NO_3^- 处理中，根和叶的 GDH 活性随 NO_3^- 营养增加而缓慢增加，在供7mmol/L NO_3^- 营养的植株中，根和叶 GDH 活性最高，分别为 0.09μmol NADH $min^{-1}g^{-1}$FW 和 0.05μmol NADH $min^{-1}g^{-1}$FW，比 0.5mmol/LNO_3^- 营养处理的最低值分别增加了 119%和 75%。凤眼莲在 NH_4^+ 处理中的 GDH 活性随 NH_4^+ 的增加而明显增加，比供 NO_3^- 营养随营养浓度增加 GDH 上升明显，根和叶在 NH_4^+ 处理的最大值分别为 0.211μmol NADH $min^{-1}g^{-1}$ FW 和 0.127μmol NADH $min^{-1}g^{-1}$FW，比最低值分别增加了 191% 和 186%。比较 NO_3^- 和 NH_4^+ 对 GDH 活性的影响可以看出，在相同浓度处理中供 NH_4^+ 根和叶的 GDH 活性明显高于供 NO_3^- 根和叶的 GDH 活性，

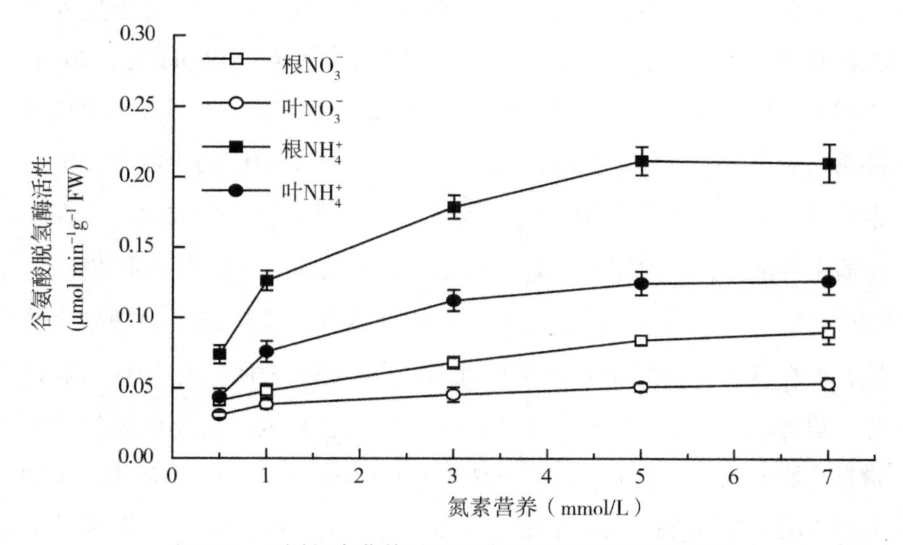

图 5-8 不同氮素营养对凤眼莲组织 GDH 活性的影响

在 7mmol/L 营养条件下，供 NH_4^+ 植株根和叶的 GDH 活性分别是供 NO_3^- 植株根和叶的 GDH 活性的 2.33 倍和 2.35 倍。在相同的氮素形态处理中，根的 GDH 活性高于叶的 GDH 活性。在 NH_4^+ 营养条件下，根的 GDH 活性比相同浓度 NH_4^+ 处理中的叶的 GDH 活性高，表明在 NH_4^+ 营养条件下，根的 GDH 活性维持在较高的水平。

5.3　讨论

不同形态的氮素对水生植物的生理活动有很大的影响。本研究表明，不同浓度的 NO_3^- 和 NH_4^+ 营养对入侵植物凤眼莲的生长与氮素代谢产生的影响有着明显的差异，在 NO_3^- 营养条件下，植物生长速率与克隆生长随着营养的增加而逐渐增加，氮素代谢中的关键酶(如 NR、GS、GDH 等)也随之升高。而在高浓度的 NH_4^+ 营养条件下，凤眼莲的生长速率和克隆分株数目都略有下降，由此可以看出，高浓度的 NH_4^+ 营养对凤眼莲的生长有一定的抑制作用，但是抑制效应不明显。

大多数植物能够耐受高 NO_3^- 而不表现出毒害症状，而对于高 NH_4^+ 植物物种之间的耐受能力，则存在明显的差异(Bijlsma 等，2000；Frechilla 等，2002)。植物对 NH_4^+ 的耐受能力与其氮素生理有着密切的关系。对于耐受能力较强的植物而言，除了调节 NH_4^+ 的吸收外，植物细胞将多余的细胞质的 NH_4^+ 转运到液泡中，或者以同化方式减少在细胞质中的浓度，从而减轻 NH_4^+ 对植物造成的毒害。凤眼莲在低 NH_4^+ 处理中(浓度小于 3mmol/L)，生长速率和克隆生长较低 NO_3^- 处理更为快速，而在高 NO_3^- 处理中则较 NO_3^- 处理略有下降，表明其对 NH_4^+ 有着较强的耐受能力。由于液泡在植物细胞中的比例极大，植物组织的 NH_4^+ 含量主要反映出在液泡中贮存的浓度。Schoerring 等(2002)认为，植物对于 NH_4^+ 的耐受能力与根细胞的液泡贮存 NH_4^+ 的能力有关，贮存 NH_4^+ 能力强的植物能防止过多的 NH_4^+ 运输到地上部分，而与根相比较，地

上部分对 NH_4^+ 是较为敏感的。Cruz 等(2006)在对几种植物对 NH_4^+ 的生理研究中发现，在高 NH_4^+ 营养条件下，植株根部的 NH_4^+ 浓度远远高于在地上部分的含量的植物表现出较强的耐受能力，对于 NH_4^+ 敏感的植物物种则正好相反，一般地上部分的 NH_4^+ 浓度要高于根部。而在本研究中，入侵植物凤眼莲即使在 7mmol/L 的高浓度 NH_4^+ 处理中，叶的 NH_4^+ 浓度仍然高于根的 NH_4^+ 浓度。由此可见，入侵植物凤眼莲与陆生植物(如豌豆)之间 NH_4^+ 代谢存在较大差异。相对于陆生植物，自由漂浮型水生植物的根和叶均具有吸收包括 NH_4^+ 在内的矿质营养的能力，这种不同可能是造成这种差异的原因之一。由于叶片的光呼吸能够产生 NH_4^+，叶片的 NH_4^+ 浓度也可能在一定程度上反映了光呼吸的强度。叶片的高活性的 GS 和 GDH 快速同化叶片直接吸收或者从地下部分运输至叶片的积累的 NH_4^+，避免 NH_4^+ 对叶片光合作用的不利影响。Bungard 等(1999)在入侵植物欧洲铁苋莲的氮素代谢中发现，在高 NH_4^+ 处理中，根的 NH_4^+ 浓度远远小于叶和茎的 NH_4^+ 浓度，但并没有对其生长造成不利影响，与我们的研究结果一致。这表明在入侵植物凤眼莲中，在高浓度的 NH_4^+ 环境条件下的根部细胞中液泡贮存 NH_4^+ 的能力可能并不是它耐受高 NH_4^+ 浓度的主要调节方式，而其与 NH_4^+ 同化调节更为密切。

GS 是 NH_4^+ 同化的关键酶之一，它可以把无机态氮转化为有机氮，从而避免 NH_4^+ 在细胞中的过多积累而造成对细胞的伤害，因此 GS 被认为是耐受 NH_4^+ 的一种适应机制(Hierl 等，2002)。Claussen 和 Lenz(1999)在研究中发现，不同的氮素营养形式对植物 GS 活性没有明显影响，与我们的研究结果存在很大不同，本研究发现凤眼莲在 NH_4^+ 处理的组织 GS 活性均显著高于 NO_3^- 处理。但最近的 Cruz 等(2006)的研究表明，耐 NH_4^+ 植物往往在暗周期开始 2h 仍然保持相当高的叶片 GS 活性，由于白天凤眼莲对 NH_4^+ 吸收速率较快，夜间高 GS 活性主要是同化通过白天细胞内积累的 NH_4^+ 方式缓解对植物的伤害(Schjoerring 等，2002)。从本研究的结果可以看出，凤眼莲根和叶 GS 活性在夜间(暗周期开始 2h 后）与耐 NH_4^+ 植物（如豌豆等）相似，保持着较高的活性，表明凤眼莲可能通过 NH_4^+ 同化过程降低组织内 NH_4^+ 的积累。Lasa 等（2001）研究菠菜和豌豆时发现，GDH 活性与植物的铵盐耐受能力有关。耐 NH_4^+ 植物的 NH_4^+ 转化为组织氮的生理过程主要在根中进行，这样就避免了过多的 NH_4^+ 运输到植物的地上部分而对植物产生毒害。凤眼莲 GDH 活性在 NO_3^- 和 NH_4^+ 处理中，虽然根的活性明显高于叶的 GDH 活性，但在 NH_4^+ 处理中，叶的 GDH 活性仍然维持在较高的水平上，这可能对聚集于叶片的 NH_4^+ 同化是有利的。凤眼莲组织 NR 活性与 GS 活性不同，随着 NH_4^+ 处理浓度的升高而有明显的下降，由于 NR 是一种底物诱导酶，其活性的高低与细胞内的 NO_3^- 浓度有密切的关系，因此，NR 随 NH_4^+ 处理浓度升高而逐渐降低可能由于组织可利用 NO_3^- 浓度的下降所致。综上所述，入侵植物凤眼莲无论是在 NO_3^- 还是 NH_4^+ 营养环境下，都能快速生长和进行有效的克隆生长，即使在高 NH_4^+ 的不利环境下，也能通过生理调节缓解对植物体带来的毒害而表现出较强的耐受能力，这种对于逆境的耐受能力可能是其对富营养化水体的适应性表现。

第6章 凤眼莲对不同形态氮素的生理响应研究

生态系统中氮素形态有多种，其中铵态氮(NH_4^+—N)与硝态氮(NO_3^-—N)是两种最主要的无机氮形态，且两种氮素形态的比例常处于动态的变化之中。水体的氮素含量与形式常由于人类活动随季节的变化而发生改变，在特定的时间，水体铵态氮的含量往往远大于硝态氮含量(Munzarova 等，2006)。水生植物对铵态氮(NH_4^+—N)与硝态氮(NO_3^-—N)吸收与利用因物种和生态环境的不同而存在很大的差异，植物对氮素形态的偏好性以及水体中可利用 NH_4^+ 和 NO_3^- 氮素营养的比例与水生植物的生长和种群建立与扩张有着密切关系(朱增银等，2004)。本研究主要目的在于检验不同形态的氮素营养对入侵植物凤眼莲生长、克隆繁殖及氮素同化的影响，揭示其对不同形态氮素营养利用的偏好性及其同化策略，探讨其生态幅宽、适应性强的植物生理学基础。

6.1 材料和方法

6.1.1 研究材料与生长条件

实验材料来自武汉大学温室培养的植株，同第3、4、5章。由于高浓度 NH_4^+ 可能会对植物形成毒害，根据前期铵盐作为单独氮素的实验结果，选取长势较好的5mmol/L的总氮浓度作为实验处理浓度。选取大小相似的新生的克隆分株转移到 10L 的容器中(长×宽×高 = 40cm×25cm×10cm)进行培养，采用改进的 1/4 Hoagland 营养液培养材料，营养液中总氮保持在 5mmol/L。两周后选取大小相似的克隆分株作为实验材料，根长度不超过 1cm，3～4 片叶，进行不同的实验处理。氮素以 NH_4Cl、$NaNO_3$或 $NH_4Cl + NaNO_3$提供，设置培养液中 NH_4Cl 和 $NaNO_3$ 的比例分别为 100∶0、75∶25、50∶50、25∶75、0∶100 共 5 个实验处理，每个处理 4 次重复，营养液每 2 天更换一次。

6.1.2　收获

植物培养 21d 后收获，记录每个基株产生的分株数，85℃ 24h 烘干后，用于测定植株的干重和硝酸根离子的含量，其他处理的新鲜材料用于测定根和叶的 NR、GS 酶活性以及 NH_4^+ 浓度。

6.1.3　硝酸还原酶活性测定

6.1.3.1　缓冲液的配制

In vitro NR 测定：

研磨液(Buffer A)：

HEPES-KOH (pH 7.5)，50mmol/L；

氯化镁，5mmol/L；

EDTA，0.5mmol/L；

DTT，5mmol/L；

PMSF，0.2mmol/L；

FAD，10μmol/L；

亮抑酶肽，50μmol/L；

甘油(*V/V*)，10%；

PVPP(*W/V*)，1%；

Triton X-100 (*W/V*)，0.1%。

分析液(Buffer B)：
磷酸钾 buffer（pH7.5），50mmol/L；
硝酸钾，10mmol/L；
NADH，0.2mmol/L；
EDTA（测 NRmax），2mmol/L；
$MgCl_2$(测 NRact)，5mmol/L。

6.1.3.2　*In vitro* 硝酸还原酶活性测定

In vitro NR 活性的测定按照修改后的 Kaiser 和 Huber（1997)的方法进行。取 0.5 g 植物材料于研钵中，加入液氮充分研磨成粉末后，将其悬浮于 1.5mL Buffer A 中。4℃以 12000rpm 离心 20min，上清液即为 NR 酶粗提液。取酶液 0.25mL 于试管中，加入 0.75mL *in vitro* NR 分析液（包括测 NRmax 和 NRact 两种体系），在 30℃下水浴 10min 后，加入 0.05mL 0.5mol/L 的醋酸锌溶液以终止反应，并吸取反应溶液 0.5mL 于一试管中，加入磺胺试剂和 α-萘胺试剂以显色法来测定 NO_2^- 的含量，静置 10min 后，用 UNICO 生产的 UV-2100 型紫外可见分光光度计进行比色测定，比色时用 540nm 波长，记下光密度，从标准曲线上查得 NO_2^- 含量，然后计算酶活性，以每克鲜重材料每小时催化生成 NO_2^- 的微摩尔数表示，即 $\mu mol\ NO_2^-\ g^{-1}FWh^{-1}$。NR 活性用以下公式计算：

$$样品中酶活性(\mu mol\ g^{-1}FW\ h^{-1}) = \frac{\frac{V_1 X}{V_2}}{Wt}$$

式中，X 为酶催化产生的亚硝态氮总量(μmol)；
V_1 为酶促反应时加入的缓冲液体积(mL)；
V_2 为显色反应时加入的粗酶液体积(mL)；
W 为样品重量(g)；
t 为反应时间(h)。

NR 激活状态计算公式为：

$$\frac{NR_{act}}{NR_{max}} \times 100\%$$

式中，NR_{act} 为 Mg^{2+} 存在下的实际 NR 活性值；

NR_{max} 为 EDTA 存在下的最大 NR 活性值。

6.1.4　谷氨酰胺合成酶活性测定

6.1.4.1　缓冲液的配制

(1) GS 提取液：

Tris-Hcl(pH7.6)，100mmol/L；

β-Me，10mmol/L；

氯化镁，1mmol/L；

EDTA，1mmol/L；

PMSF，0.2mmol/L；

亮抑酶肽，50μmol/L；

甘油（*V/V*），10%。

(2) 反应液：

咪唑缓冲液（pH7.5），100mmol/L；

ATP，11.4mmol/L；

羟氨，45mmol/L；

硫酸镁，45mmol/L。

(3) 反应终止液：

三氯化铁盐酸溶液，10%；

三氯乙酸，24%；

盐酸，50%。

6.1.4.2　GS 活性测定

GS 酶活性的测定按照修改后的 Rhodes 等(1975)的方法进行。取 0.5g 植物材料于研钵中，加入液氮充分研磨成粉末后，将其悬浮于 1.5mL GS 提取液中。4℃以 12000rpm 离心 20min，上清液即为 GS 酶粗提液。取 1mL 酶提取液加入等量反应液，在 37℃下水浴 15min，其间轻轻摇匀数次，加入 2mL 反应终止液终止反应，4℃下以 4000rpm 离心 5min。上清液用 UNICO 生产的 UV-2100 型紫外可见分光光度计进行比色测定，比色时用 540nm 波长，记下光密度。从标准曲线上查得产物 γ-谷氨酰胺异肟酸含量，计算出 GS 活性。一个 GS 活性单位定义为每分钟 37℃催化生成 1μmol γ-谷氨酰胺异肟酸所需要的酶量。

6.2 结果与分析

6.2.1 生长速率和克隆生长

不同比例的铵态氮和硝态氮营养对入侵植物凤眼莲的生长速率和克隆结构都有明显的影响。铵态氮和硝态氮比例不同处理对凤眼莲 RGR 的影响如图 6-3 所示，由图 6-1 可以看出，随 NH_4^+/NO_3^- 比例的减少，凤眼莲 RGR 逐渐增加。在 NH_4^+/NO_3^- 为 100：0 营养条件下凤眼莲相对生

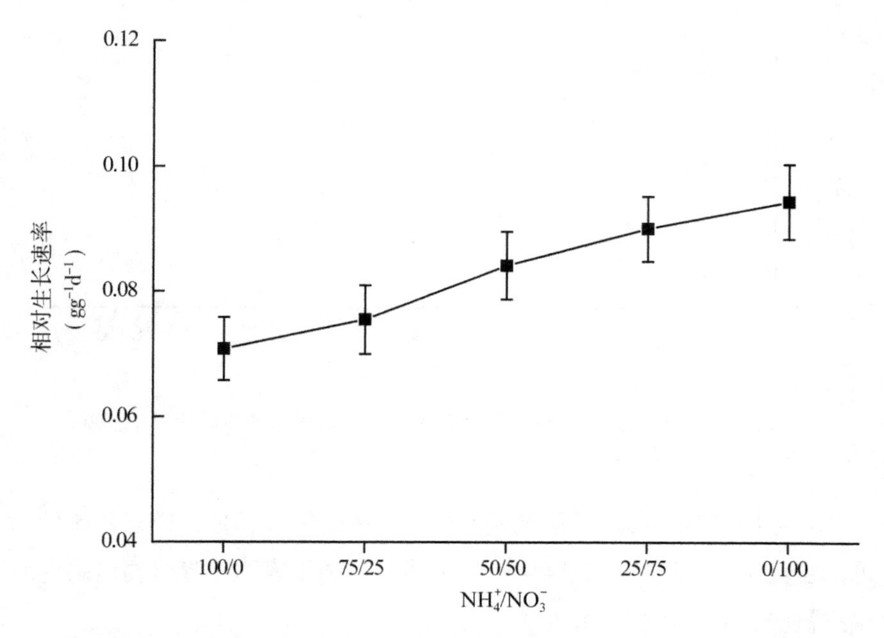

图 6-3 不同比例铵态氮与硝态氮营养条件对凤眼莲的相对生长速率的影响

长速率最低，为100%硝态氮营养条件下RGR最高值的74.9%。当营养条件$NH_4^+/NO_3^->1$时，凤眼莲RGR与$NH_4^+/NO_3^-<1$实验条件下的相对生长速率存在显著差异，表明凤眼莲对于硝态氮有一定的偏好性。

铵态氮和硝态氮比例不同的培养液对凤眼莲克隆分株的产生也有明显的影响，凤眼莲产生克隆分株随培养液中NH_4^+/NO_3^-的增加而减少，如图6-4所示。在NH_4^+/NO_3^-为0：100营养条件下凤眼莲克隆分株数最高为6.75±0.96，显著高于培养液NH_4^+/NO_3^-为100：0和75：25时的克隆分株数，分别增加了68.8%和58.8%。

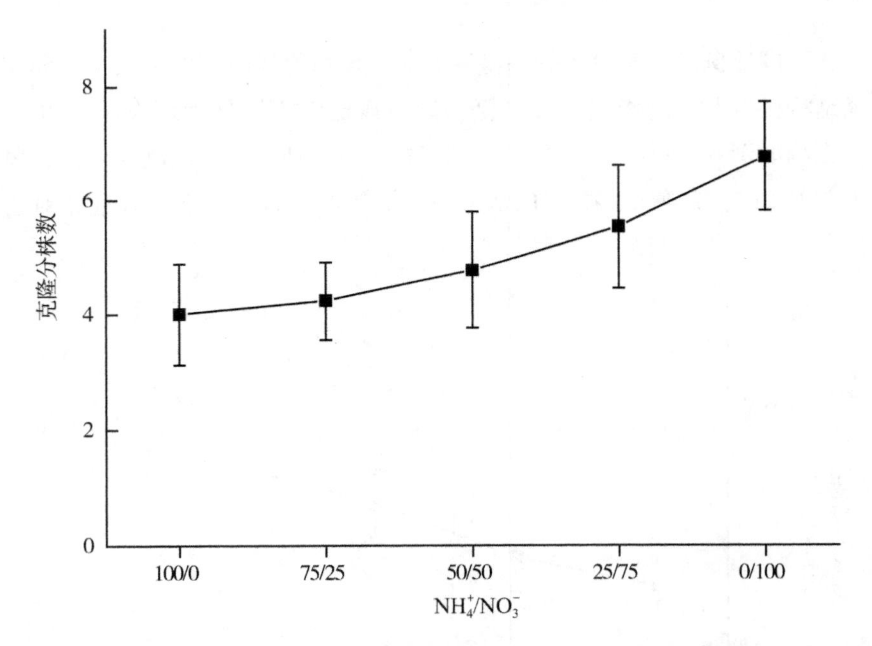

图6-4　不同比例铵态氮与硝态氮营养条件对凤眼莲的克隆生长的影响

与不同氮素形态对凤眼莲相对生长速率的影响相似，硝态氮比例的增加也促进了凤眼莲的克隆生长，上述研究结果表明克隆植物凤眼莲对硝态氮吸收和利用的偏好性。

6.2.2 组织 NO_3^- 和 NH_4^+ 浓度

不同比例的铵态氮和硝态氮营养对凤眼莲根和叶片的组织 NO_3^- 和 NH_4^+ 浓度也存在不同程度的影响，如图 6-5 和图 6-6 所示。

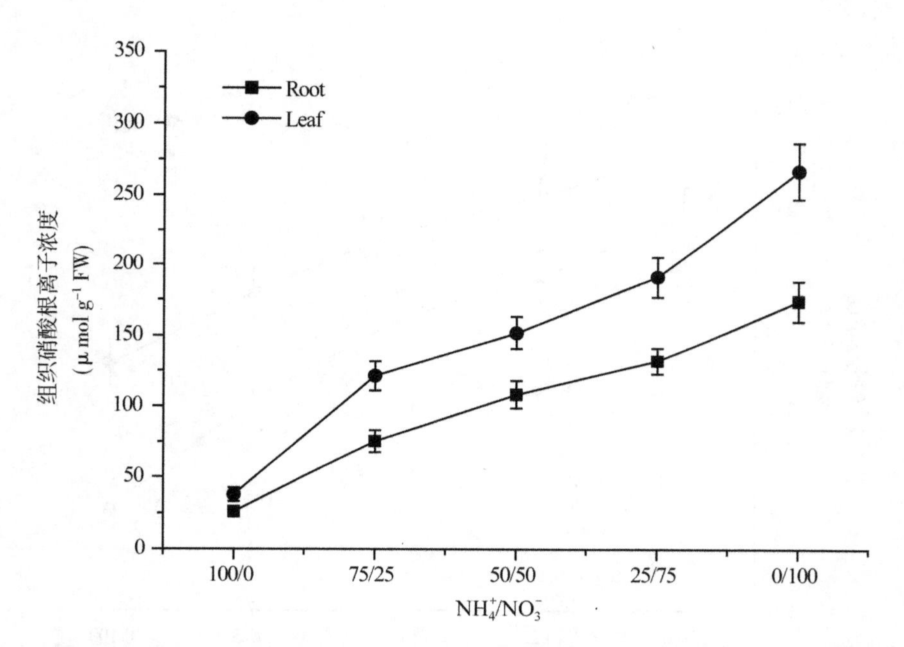

图 6-5　不同比例铵态氮与硝态氮营养条件对凤眼莲组织硝酸根离子浓度的影响

由图 6-5 可以看出，不同氮素形态营养条件下，凤眼莲根和叶片的 NO_3^- 浓度均随培养液中硝态氮比例的增加而显著增加，培养液中 NH_4^+/NO_3^- 为 0 : 100 时，根和叶片的 NO_3^- 浓度最高可达(174.28±13.89)μmol g^{-1} DW 和(267.43±19.82)μmol g^{-1} DW，分别为 100% 铵态氮营养条件下根和叶片的 NO_3^- 浓度的 6.74 倍和 7.10 倍。与组织 NO_3^- 浓度相反，不同氮素形态营养条件下凤眼莲根部和叶片的 NH_4^+ 浓度随培养液中硝态氮组分的增加而减低。当培养液中 NH_4^+/NO_3^- 为 0 : 100 时，根和叶片的 NH_4^+ 浓度最低仅为(0.50±0.03)μmol g^{-1}FW 和

(0.76±0.12) μmol g^{-1}FW，分别为 100%铵态氮营养条件下根和叶片的 NH_4^+ 浓度的 25.5%和 33.3%。根的 NH_4^+ 浓度随培养液中的 NH_4^+组分增加而显著上升，叶片的 NH_4^+浓度在 NH_4^+/NO_3^-为 0 : 100、25 : 75、50 : 50 营养下，随 NH_4^+增加呈显著上升趋势，当 $NH_4^+/NO_3^->1$ 时，上升趋势不显著。

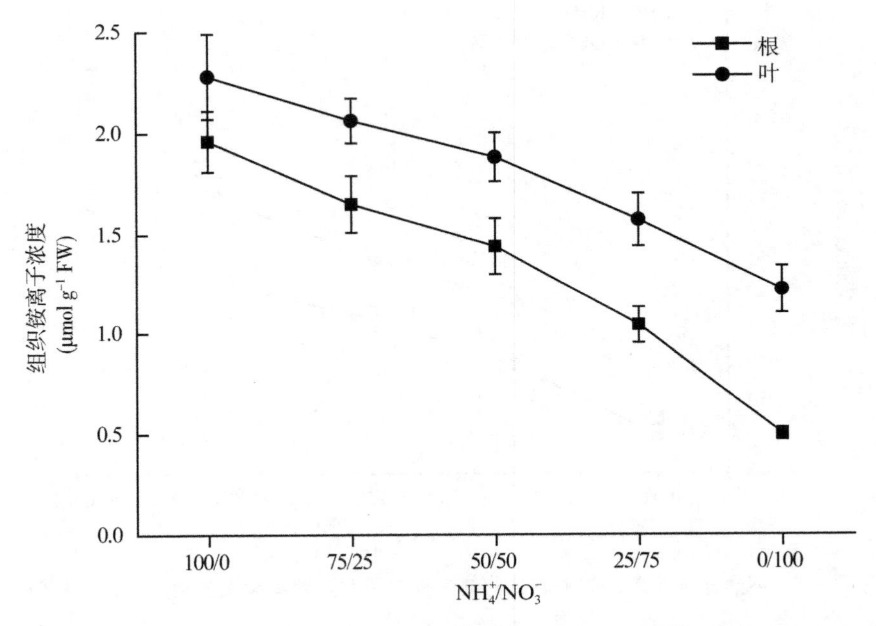

图 6-6　不同比例铵态氮与硝态氮营养条件对凤眼莲组织铵离子浓度的影响

6.2.3　硝酸还原酶活性

不同比例的氮素形态营养条件对凤眼莲根和叶片的 NR 酶活性的影响如图 6-5 所示。根和叶片的 NR 酶活性随培养液 NO_3^-组分的增加显著升高。叶片 NR 活性在 100%硝态氮营养下达到最高为(2.79±0.19) μmol $NO_2^-h^{-1}g^{-1}$ FW，是 100%铵态氮营养下 NR 活性[(0.74±0.09) $NO_2^-h^{-1}g^{-1}$FW]的 3.77 倍。根的 NR 活性在培养液中 NO_3^-比例低于 75%

时，随 NO_3^- 增加显著上升，而在高比例 NO_3^- 营养条件下（NH_4^+/NO_3^- 为 25：75、0：100）差异不显著。

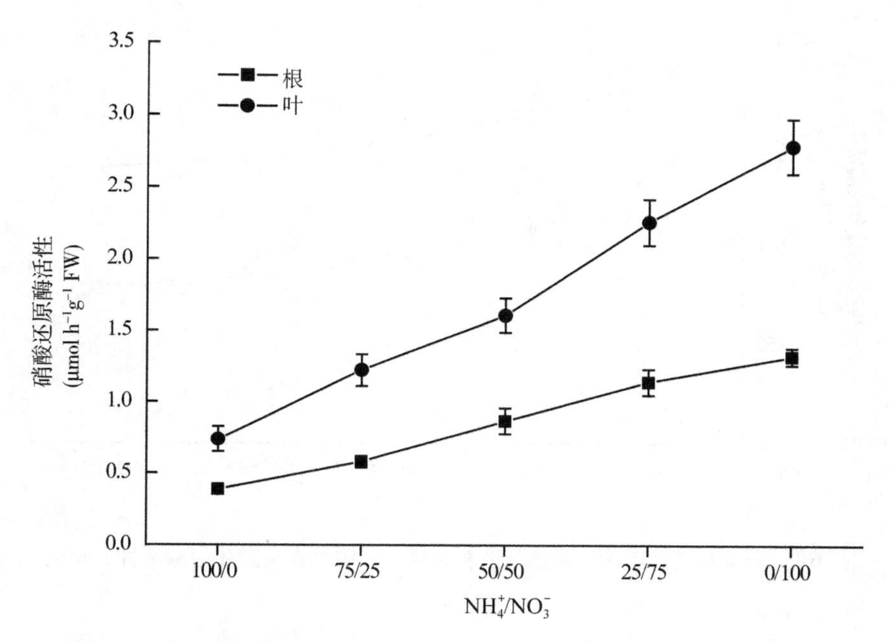

图 6-7 不同比例铵态氮与硝态氮营养条件对凤眼莲组硝酸还原酶活性的影响

6.2.4 谷氨酰胺合成酶活性

不同比例的氮素形态营养条件对凤眼莲根和叶片的 GS 酶也有明显的影响。从图 6-8 可以看出，根和叶片的 GS 酶活性均随培养液 NH_4^+ 减少而下降。

根的 GS 酶活性在 NH_4^+/NO_3^- 为 100：0、75：25、50：50 随培养液中 NH_4^+ 组分的减少而显著降低，NH_4^+/NO_3^- 为 50：50、25：75、0：100 时随培养液中 NH_4^+ 组分的减少其下降不显著。叶片的 GS 酶活性在 NH_4^+/NO_3^- 为 100：0 时最高为（183.48±11.59）μmol g^{-1} FW，与 NH_4^+/

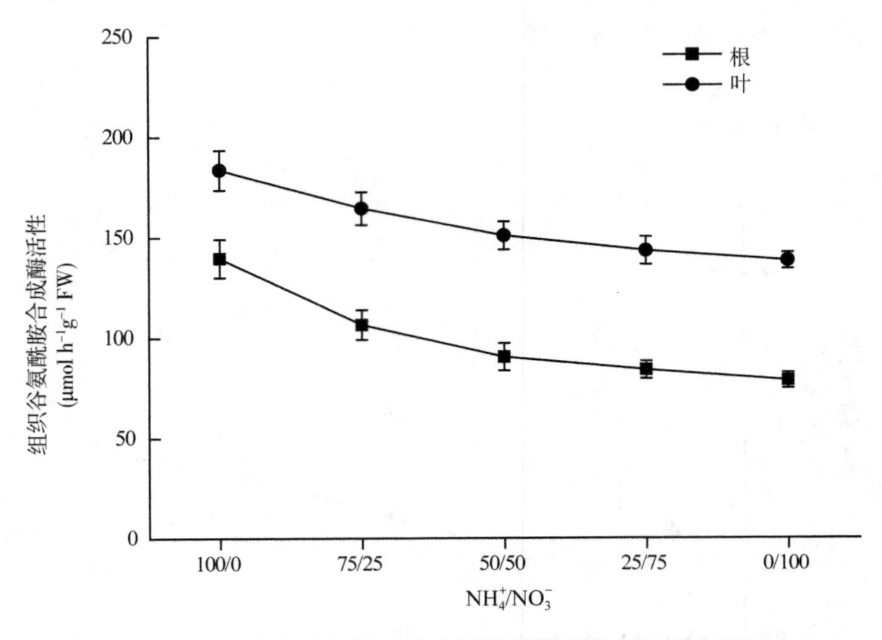

图 6-8　不同比例铵态氮与硝态氮营养条件对凤眼莲组硝酸还原酶活性的影响

NO_3^- 为 75∶25、50∶50 时叶片 GS 酶活性差异不显著。当培养液中 NH_4^+ 组分减少至 NH_4^+/NO_3^- 为 25∶75、0∶100，与最高值相比呈显著下降。

6.3　讨论

大多数植物可以同时利用硝态氮和铵态氮，其更倾向于吸收利用哪一种形态的氮素营养，既与植物的种类有关，也与植物所处的生态环境密切有关，是植物在长期进化过程中植物本身与特定氮素环境相适应的结果。Jampeetong 等(2011)在香根草等 4 种水生植物的氮素选择性吸收研究中发现，水生植物对铵态氮的吸收能力显著高于硝态氮，而且氮素吸收与其相对生长速率密切相关。本研究中，在提供不同比例的硝态氮和铵态氮的营养条件下，凤眼莲随培养液中 NH_4^+ 组分的增加，凤眼莲相对生长速率逐渐降低，且产生克隆分株数略有减少，表明凤眼莲对硝态氮的偏好性。而且，随着营养液中 NO_3^- 比例增加，凤眼莲根和叶片中 NO_3^- 同化限速酶 NR 活性均显著增加，表明其对 NO_3^- 有很强的同化效率。凤眼莲对 NO_3^- 有较强的吸收偏好性，这与多数水生植物优先吸收净化 NH_4^+ 的结论存在一定的差异。造成凤眼莲与多数水生植物氮素形态选择差异的原因，一方面是由于在不同研究中植物所处营养和其他环境不同所致，另一方面则是由于物种之间对不同氮素营养的选择吸收动力学存在差异所致。朱增银等(2004)在研究水生植物苦草(*Vallisneria natans*)时发现，在高 NH_4^+/NO_3^- 营养条件下，苦草相对生长率显著下降，表现出对硝态氮很强的偏好性，与本研究结果相一致。金春华等(2011)对粉绿狐尾藻和凤眼莲对不同形态氮吸收动力学的比较研究表明，凤眼莲对 NH_4^+ 和 NO_3^- 的吸收速率均显著高于狐尾藻，而且凤眼莲对 NO_3^- 有较高的 I_{max} 值和亲和力。因此，凤眼莲对于硝态氮吸收的偏好性与其对于两种氮素形态的吸收动力学差异有关。尽管高 NH_4^+/NO_3^- 对凤眼莲生长有抑制作用，但不同 NH_4^+/NO_3^- 处理间的相对生长速率和克隆分株数差异不显著。由此可见，凤眼莲对 NH_4^+ 表现出较强的耐受能力的同时，对不同氮素形态营养均表现出很强的同化利用效率。

除植物对不同氮素形态的选择吸收存在差异之外，植物对于 NH_4^+ 和 NO_3^- 的同化能力也与其对不同氮素形态的偏好性有关。已有研究表明：NH_4^+ 同化的关键酶 GS 在耐受高浓度铵态氮中发挥着重要作用(Hierl 等，2002)。本研究中，在不同的 NH_4^+/NO_3^- 条件下凤眼莲根部 NH_4^+ 浓度随 NH_4^+/NO_3^- 增加始终呈显著上升趋势，而叶片的 NH_4^+ 含量则变化不明显。同时，随着 NH_4^+/NO_3^- 增加，尤其是当 $NH_4^+/NO_3^- > 1$ 时，根部的谷氨酰胺合成酶(GS)活性显著升高，表明凤眼莲通过减少 NH_4^+ 在地上部分的分配以及大部分的 NH_4^+ 选择在根部进行同化可能是凤眼莲对 NH_4^+ 耐受性强的一个主要原因。与 GS 活性不同，随着 NH_4^+/NO_3^-

的增加而有明显的下降。由于NR是一种底物诱导酶，其活性的高低与细胞内可利用NO_3^-浓度有密切的关系。凤眼莲根和叶片的NR在不同NH_4^+/NO_3^-条件下表现与其组织NO_3^-浓度相一致的变化趋势。因此，凤眼莲NR活性随NH_4^+/NO_3^-升高而逐渐降低，可能是由于组织可利用NO_3^-浓度的下降所致。另外，有研究发现NH_4^+作为氮素营养时，NR还原以及同化的中间产物常能对NR活性有反馈抑制效应(Omarov等，1998)，这可能是NR活性下降的主要原因。

综上所述，在总氮浓度为5mmol/L条件下，外来植物凤眼莲在不同比例的NO_3^-/NH_4^+营养条件下，都能快速生长和进行有效的克隆繁殖，表现出对NO_3^-的偏好性及对NH_4^+较强的耐受能力。凤眼莲对NO_3^-和NH_4^+两种氮素形态均表现出高的氮素同化效率，随着NO_3^-比例的增加，氮代谢限速酶NR活性显著增加，即使在高比例NH_4^+的环境条件下，也能通过其GS活性变化等生理调节方式缓解铵盐对植物体带来的毒害，从而表现出较强的耐受能力。

第7章　异质氮素环境条件下凤眼莲的克隆整合研究

克隆生长广泛存在于植物界中，而许多入侵植物尤其是水生植物都有克隆繁殖的特性，凤眼莲更是以其快速的克隆繁殖而成为世界上最重要的有害杂草之一。营养往往是以时间和空间异质性形式分布在自然生境中(Gross 等，1995；Jackson 和 Caldwell，1993)，水生生态环境也不例外，已有研究表明，湖泊、河流等淡水生态环境中的氮、磷等资源分布常常由于人类活动随季节的变化而发生改变(司友斌等，2000)。因此，水生植物往往处于一种资源波动的动态变化中。凤眼莲通过克隆繁殖产生的分株，在其根系尚未发育成熟之前，营养主要由主株吸收的营养供给，在其生长初期，往往处在一个相对异质营养的环境之中。克隆植物通过克隆整合方式实现(clonal integration)光合同化物、矿质养分以及水分等通过克隆分株间的连接物在它们之间的转移与资源共享(Pitelka 和 Ashmun，1985；Wijesinghe 和 Handel，1994)，克隆整合被认为是克隆植物适应生态环境的一个重要特性(van Kleunen 等，2000)。克隆植物的分株间的克隆整合研究证实，相连分株间的克隆整合可以缓解分株由资源异质性(heterogeneity)带来的在资源获取上的差异和环境胁迫(Hellström 等，2006；Roiloa 和 Retuerto，2006b)。克隆植物克隆整合对克隆植物在各种逆境中的生存(适应)能力的贡献一直是克隆植物生态学研究的重要问题之一。因此，研究异质环境下的外来种克隆植物的在不同构件中的氮素代谢，对了解其生物入侵的生态过程有着重要的意义。在本研究中，我们模拟了分株建立初期研究凤眼莲对光照和异质性氮素环境的形态学和生理反应，通过对其生长、生物量分配以及氮素代谢关键酶的测定，探讨外来种克隆植物在异质性生态环境中的氮素代谢分配与其快速生长的关系。

7.1　材料和方法

7.1.1　研究材料与生长条件

实验材料来自在武汉大学温室中培养的材料，选取新产生的分株(4~5片叶，根长小于1cm)用于本研究。由于有研究表明，基因型的不同可能造成克隆植物生理整合功能的差异(Alpert 等，2003)。因此，我们在实验中选取培养来自同一主株的分株作为研究材料，加上根据外来种凤眼莲的遗传多样性极低的实验结果，用于本实验的材料具有相同的遗传背景。预培养采用缺氮培养，培养时间为1周。

7.1.2　实验设计

采用2×2双因子交叉实验研究光照和异质性氮素对克隆植物凤眼莲生长和氮素同化影响。取大小近似的预培养植株移植到含氮营养液中，各组分浓度为：0.5mmol/L $MgSO_4$，2mmol/L KH_2PO_4，50μmol/L FeNa-EDTA，微量元素(25μmol/L H_3BO_3，2μmol/L $MnSO_4 \cdot H_2O$，1μmol/L $ZnSO_4 \cdot 7H_2O$，0.5μmol/L $CuSO_4 \cdot 5H_2O$，0.2μmol/L $NaMoO_4$)。氮素以0.5mmol/L(低氮)或5mmol/L(高氮)$Ca(NO_3)_2$供给，培养溶液pH保持在5.8，低氮处理培养液中加入$CaCl_2$溶液使得Ca^{2+}终浓度保持在5mmol/L。光照为350μmol/($m^2 \cdot s$)(高光处理)或70μmol/($m^2 \cdot s$)(低光处理)，培养营养液每2天更换一次新鲜的营养液。单克隆植株在温室中培养，温室条件同预培养阶段。当分株生出根时，立即转入装有缺氮培养液的培养皿中(其他营养组分同主株，如图

7-1 所示)，主株与分株之间保持匍匐茎的连接直至收获。

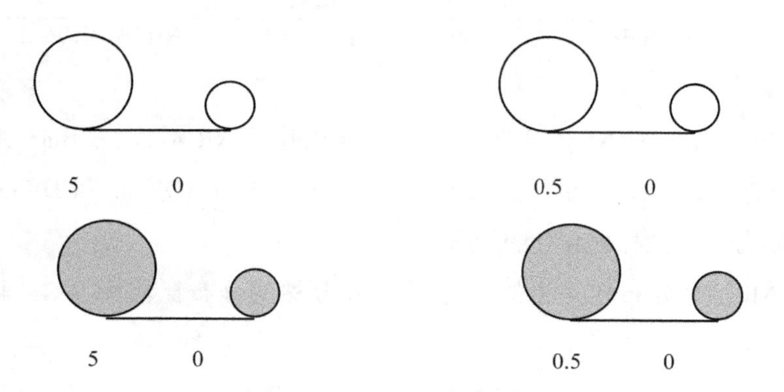

图 7-1 实验设计示意图

整个克隆由主株和相连的分株组成。主株提供两个水平的 NO_3^- 营养，相连的分株缺氮培养。数字表示提供凤眼莲克隆构件的 NO_3^- 浓度，整个克隆提供高光[PAR，350μmol/(m² · s)]和低光[PAR，70μmol /(m² · s)]两种光强照射，阴影为低光照处理。

7.1.3 收获

单克隆植物培养 28d 后收获，每个处理的收获植株分成主株和分株的根、叶、根状茎、匍匐茎等，其中 6 个个体 85℃ 24h 烘干，后于以测定植株的干重和硝酸根离子的含量。其他每个处理的新鲜材料用于测定不同构件的根、叶的 NR 和 GS 的酶活性。

7.1.4 酶和化学成分分析

NR、GS 以及组织硝酸根离子含量同第 3 章。

7.1.5 计算和统计

分株的 NR 活性分布比例(P-NR)，计算方法类似于 Koren 等

(2002)的方法。

$$\text{P-NR}=\frac{\text{NRdr}\times\text{DWdr}+\text{NRdl}\times\text{DWdl}}{(\text{NRdr}\times\text{DWdr}+\text{NRAdl}\times\text{DWdl})+(\text{NRmr}\times\text{DWmr}+\text{NR ml}\times\text{DWml})} \tag{7.1}$$

式中，NRdr 和 NRdl 分别表示分株根和叶的 NR 活性，NRmr 和 NRml 分别表示主株根和叶的 NR 活性，DWdr、DWdl、DWmr 和 DWml 分别表示分株、主株根和叶的干重。

与 NR 活性分布比例相似，GS 活性在分株的分布比例用 P-GS 来表示。

$$\text{P-GS}=\frac{\text{GSdr}\times\text{DWdr}+\text{GSdl}\times\text{DWdl}}{(\text{GSdr}\times\text{DWdr}+\text{GSdl}\times\text{DWdl})+(\text{GSmr}\times\text{DWmr}+\text{GS ml}\times\text{DWml})} \tag{7.2}$$

式中，GSdr 和 GSdl 分别表示分株根和叶的 GS 活性，GSmr 和 GSml 分别表示主株根和叶的 GS 活性，DWdr、DWdl、DWmr 和 DWml 分别表示分株、主株根和叶的干重。

测定参数(如相对生长速率、根叶比、主株干重、分株干重、分株主株干重比、进行光照和氮素)作为固定因子以及光照和氮素互作的双因素方差分析，如果数据不能满足同质性，变量进行 $\log_{10}(1+x)$ 转换以满足方差分析的同质性原则。统计使用 SPSS 11.5 软件包分析($P<0.05$)。

7.2　结果与分析

7.2.1　生长速率和克隆生长

在不同的光照和异质氮素营养组合的实验处理中，凤眼莲在生长速率和克隆结构呈现出显著的不同，见表 7-1。

表 7-1 光照和异质性可利用氮素对凤眼莲生长速率和克隆结构的影响

	高光		低光	
	高氮	低氮	高氮	低氮
相对生长速率（$gg^{-1}d^{-1}$）	0. 1030±0. 003	0. 0881±0. 002	0. 0615±0. 003	0. 0531±0. 003
分株数	4. 5±0. 8	3. 5±0. 5	1. 3±0. 5	1. 2±0. 4
平均每个分株干重	0. 30±0. 03	0. 23±0. 03	0. 25±0. 05	0. 21±0. 03

光照和可利用氮素的增加可以明显促进整个克隆的相对生长速率。在高光高氮条件下，整个克隆相对生长速率最高为 0. 1030±0. 003$gg^{-1}d^{-1}$，高光低氮处理中其次，下降为 0. 0881±0. 002$gg^{-1}d^{-1}$。当整个克隆在低光照情况下，整个克隆相对生长速率进一步下降至高氮营养时的 0. 0615 ±0. 0023$gg^{-1}d^{-1}$和低氮条件时的 0. 0531±0. 003$gg^{-1}d^{-1}$。在可利用氮素增加的条件下，整个克隆的生长速率提高近 16%。在高光条件下，整个克隆的相对生长速率与低光处理相比约增加 67%。由此可以看出，光照对凤眼莲 RGR 的影响作用要大于可利用氮素的作用。

除整个克隆的生长速率受光照和可利用氮素显著影响外，光照和氮素还对凤眼莲克隆生长结构有着显著影响。新生长的分株数目和每个分株的平均干重随光照和可利用氮素的增加而显著增加。在高光条件下，平均每个主株产生的分株数目为 4. 0±0. 9 是低光条件下分株数目 1. 3 ±0. 5的 3 倍。而在高氮营养条件下，每个主株平均产生的分株数目为 2. 9±0. 5 略高于 2. 3±0. 2。每个分株的干重在高氮条件下为 0. 27±0. 04g 较低氮营养条件下 0. 22±0. 03g 增加了近 23%。在高光条件下，每个分株的干重为 0. 26g 与低光条件下的 0. 23g 相比提高了 15%。

方差分析显示，光照和可利用氮素对凤眼莲整个克隆的生长速率、分枝数以及每个分枝干重影响均达到显著水平，光照对克隆分枝数的作用较氮素更为明显，而可利用氮素对每个分株的干重比光照对其影响更为显著，见表 7-2。

表 7-2　**ANOVA 方差分析结果**

	p 值		
	光照效应	氮素效应	互作效应(光×氮)
相对生长速率	<0.001	<0.001	0.007
克隆分株数	<0.001	0.027	0.104
每个分株的平均干重	0.014	0.002	0.410

7.2.2　生物量分配

克隆植物凤眼莲应对不同的光照和异质氮素还表现在地上/地下部分以及主株/分株之间生物量分配格局的明显差异，见表 7-3。

表 7-3　**光照和异质性氮素营养对凤眼莲生物量分配的影响**

	高光		低光	
	高氮	低氮	高氮	低氮
整个克隆根叶比	0.26±0.03	0.41±0.03	0.24±0.02	0.46±0.05
主株根叶比	0.29±0.04	0.60±0.06	0.24±0.03	0.53±0.06
分株根叶比	0.23±0.02	0.20±0.02	0.27±0.02	0.26±0.04
主株干重	1.68±0.19	1.14±0.10	0.63±0.05	0.50±0.04
分株干重	1.32±0.13	0.81±0.07	0.31±0.05	0.23±0.04
分株与主株干重比	0.79±0.03	0.71±0.09	0.49±0.06	0.46±0.04

在根、叶生物量分配方面，整个克隆的根叶比随氮素营养的增加而明显下降。在不同光照条件下，根叶比随着光照的增加而增加。不同的克隆构件之间的根叶比存在很大差异。光照和可利用氮素对主株根、叶

生物量分配格局的影响与整个克隆较为相似，而分株的根叶比则有所不同。分株的根叶比随光照和可利用氮素的改变而表现出较小的变化，根所占生物量比例均很小。Two-way ANOVA 分析显示，光照和可利用氮素对主株、分株以及整个克隆的根叶比效应有所不同(表 7-4)。光照和可利用氮素对主株的根叶比均有显著的影响，而分株根叶比进受光照影响显著，不同氮素处理间分株根叶比无明显差异。从整个克隆(主株+分株)来看，根叶比受光照影响不显著，仅在不同氮素处理间差异显著。

表 7-4　　**光照和氮素营养对凤眼莲主株、分株生物量分配的双因素方差分析结果**

	p 值		
	光照效应	氮素效应	互作效应(光×氮)
整个克隆根叶比	0.305	<0.001	0.020
主株根叶比	0.010	<0.001	0.766
分株根叶比	0.001	0.057	0.305
主株干重	<0.001	<0.001	<0.001
分株干重	<0.001	<0.001	<0.001
分株主株干重比	<0.001	0.039	0.302

尽管主株和分株的生物量都随着光照和可利用氮素的增加而增加，但生物量在克隆构件之间的分配也随着光照和可利用氮素的改变而明显变化，表明不同条件下，主株和分株的生物量存在不等分配，分株的生物量比例随着整个克隆接受的光照和可利用氮素的增加而增加。双因素方差分析表明光照和氮素对主株、分株生物量以及分株与主株干重均有显著影响，光照对于主株、分株生物量分配比氮素营养的影响更为显著。

7.2.3　组织硝酸根离子含量

光照和异质氮素对组织 NO_3^- 含量如图 7-2 所示。主株和分株的根、叶的 NO_3^- 均随主株根可利用氮素的增加而增加，尽管分株并未直接提供氮素营养，其根、叶中均检测到不同浓度的 NO_3^-，表明存在 NO_3^- 从主株向分株的营养运输。在不同光照的处理中，主株和分株的 NO_3^- 含量随光照的变化而呈现出明显的不同。主株的 NO_3^- 含量随光照的增加而略有降低，与此相反，分株的 NO_3^- 含量随光照的增加而增加。叶组织的 NO_3^- 含量总是高于根组织的 NO_3^- 含量，这表明主株吸收的硝酸根离子更多分配到植物的地上部分进行同化。组织 NO_3^- 含量在克隆构件之间的分布也随着光照和可利用氮素的改变而发生变化，构件的 NO_3^- 含量也存在差异，主株的组织硝酸根离子含量总是高于分株的含量。如在高光高氮处理中，主株的根、叶组织硝酸根离子含量分别是分株根、叶组织的 2.4 倍和 2.3 倍。随着光照的减少，分株的组织硝酸根离子含量降低较主株更为明显。在低光高氮处理中，主株的根、叶组织硝酸根离子含量分别时分株根、叶组织的 3.5 倍和 4.1 倍。

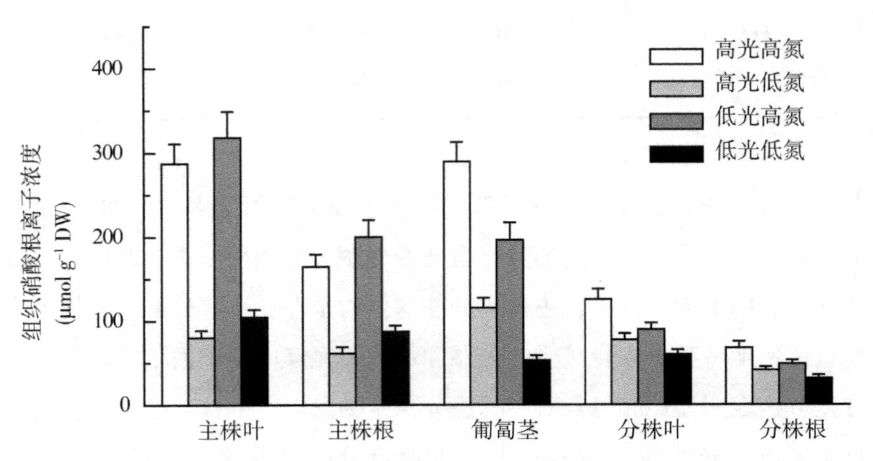

图 7-2　光照和异质性氮素营养对凤眼莲主株和分株根、叶 NO_3^- 含量的影响

值得注意的是，匍匐茎 NO_3^- 含量也随着光照和可利用氮素增加而增加，且与分株根和叶的 NO_3^- 含量存在显著相关($p<0.001$)。回归分析表明(图 7-3)，匍匐茎中的硝酸根离子浓度与分株重根、叶的硝酸根离子浓度存在线性关系($y=0.15x+22.66$，$R=0.91$；$y=0.27x+43.8$，$R=0.92$)。

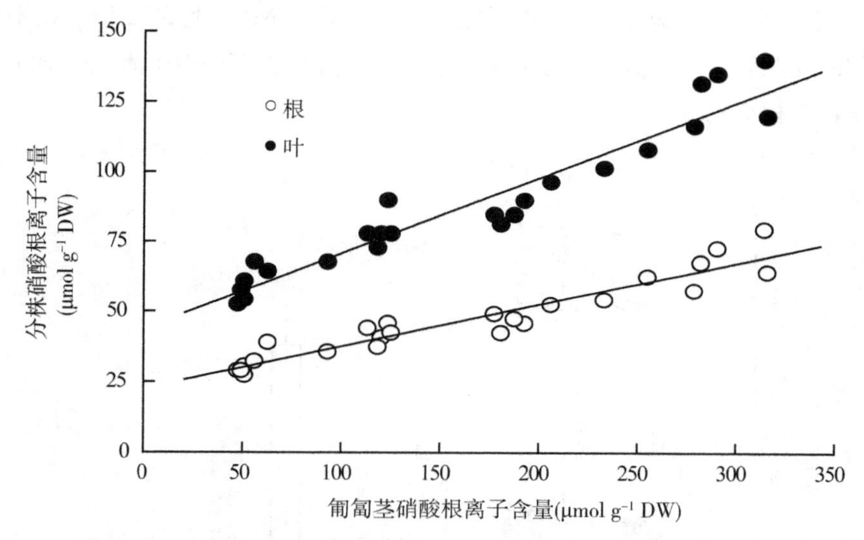

图 7-3 匍匐茎中的 NO_3^- 积累和分株根、叶 NO_3^- 浓度的线性回归分析

7.2.4 硝酸还原酶活性

新长出的完全展开的叶片和新生根以及相连的匍匐茎，用于分析主株和分株组织的 NR 和 GS 活性。实验结果显示，所有组织包括主株和分株的根、叶以及克隆构件相连的匍匐茎都有 NR 活性，即表明克隆构件都具有氮素还原的能力，如图 7-4 所示。主株、分株的根和叶以及连接克隆构件的匍匐茎的 NR 活性均随光照和可利用氮素的增加而升高。在不同的实验处理中，主株和分株叶片的 NR 活性总是比根的 NR 活性高，表明凤眼莲在异质氮素环境条件下，硝酸根离子还原主要在叶片中

进行，尤其在分株中，叶片对于硝酸根离子的还原能力远远大于分株的根。作为连接克隆构件的匍匐茎也具有一定的硝酸根离子的还原能力，并且其 NR 活性随着光照和可利用氮素的增加而升高。不同克隆构件的组织 NR 活性也有所不同，主株的根、叶的 NR 活性高于分株的 NR 活性。在高光高氮条件下，主株叶的 NR 活性与分株叶片的 NR 活性相近，随着光照和主株可利用氮素的减少，两者 NR 活性差异逐渐变大。低光低氮时，主株叶片的 NR 活性约是分株叶片 NR 活性的 2 倍。在不同的光照和异质性氮素组合的实验条件下，分株根部的 NR 活性明显小于主株根部的 NR 活性。

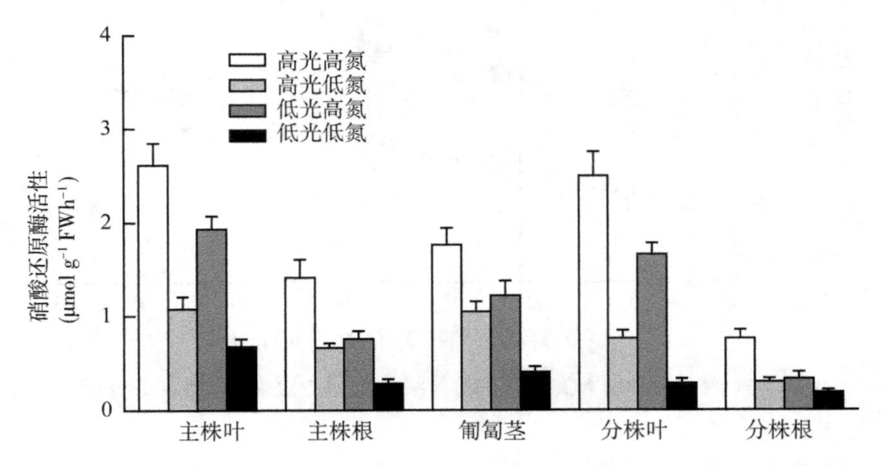

图 7-4　光照和 NO_3^- 对凤眼莲主株、分株以及相连的匍匐茎 NR 活性的影响

匍匐茎 NR 活性与分株根和叶的 NR 活性存在显著相关($p<0.001$)。回归分析表明(图 7-5)，匍匐茎中的 NR 活性与分株重根、叶的 NR 活性存在线性关系($y=0.40x-0.05$，$R=0.89$；$y=1.58x-0.45$，$R=0.92$)。

7.2.5　谷氨酰胺合成酶活性

与 NR 活性相类似，主株和分株的根、叶以及相连的匍匐茎的 GS 活性随着光照和可利用氮素的增加而升高，如图 7-6 所示。

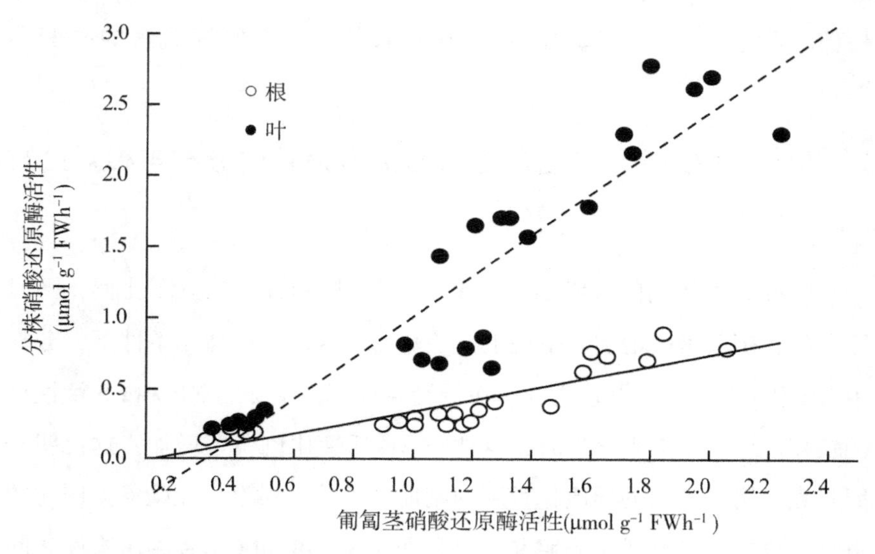

图 7-5 匍匐茎硝酸还原酶活性与分株根、叶硝酸还原酶活性的回归分析

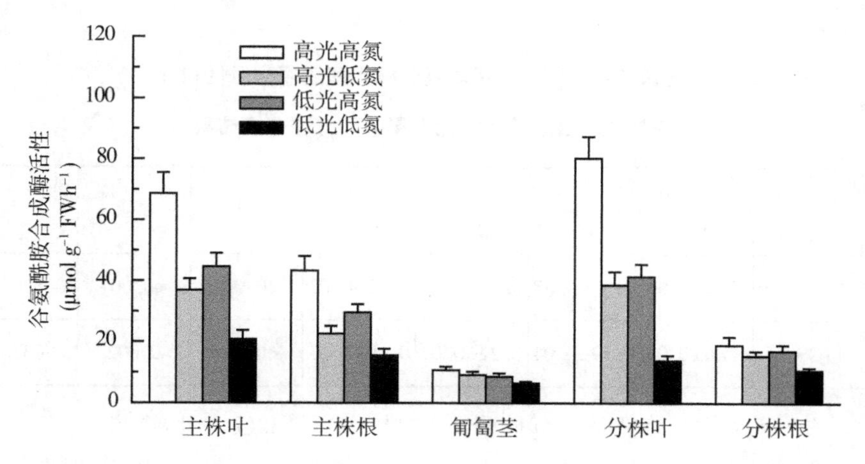

图 7-6 光照和 NO_3^- 对凤眼莲主株、分株以及相连的匍匐茎 GS 活性的影响

主株和分株叶片的 GS 活性明显大于根部 GS 活性，不同克隆构件的 GS 活性也有所不同，在整个克隆处于高光条件下，分株叶片 GS 活性高于主株叶片 GS 活性，而在低光条件下，分株叶片 GS 与主株

叶片相比，GS活性下降更为明显。分株根部的GS活性总是低于主株根部的GS活性。匍匐茎GS活性相对较低，随光照和氮素的改变不明显。

7.2.6　硝酸还原酶和谷氨酰胺合成酶活性的分布与相对生长速率

两种氮素代谢的关键酶NR和GS在主株和分株的分布比例，随光照和可利用氮素的增加而呈现上升趋势(表7-5)。在高光条件下，分株中NR和GS活性比例较高，而在低光条件下，主株的NR和GS活性比例较高。可利用氮素增加时，分株中NR活性比例明显增加，这说明光照和克隆构件之间的异质化程度加剧促进了分株对整个克隆氮素同化的贡献。方差分析显示，光照和可利用氮素对NR和GS活性在构件之间的分布比例有极显著影响。

表7-5　**光照和氮素营养对凤眼莲分株硝酸还原酶活性和谷氨酰胺合成酶活性比例影响和方差分析结果**

	高光		低光		光照	氮素	光照×氮素
	高氮	低氮	高氮	低氮			
P-NR *	0.41±0.04	0.33±0.05	0.21±0.01	0.12±0.02	<0.001	<0.001	0.878
P-GS *	0.46±0.03	0.39±0.04	0.22±0.02	0.19±0.03	<0.001	0.002	0.033

注：*分株NR和GS活性比例分别通过方程(7.1)和方程(7.2)计算得出。

NR活性在分株的分布比例与整个克隆的相对生长速率有着密切的关系。整个克隆处于高光照和高氮条件下，整个克隆快速生长，分株的NR比例为0.41。随着光照和主株可利用氮素的减少，分株的NR比例也随之降低。低光低氮处理时，分株的NR比例最低分别为0.12，比高光高氮处理下降了71%。回归分析显示(图7-7)，NR活性在分株中分配比例与整个克隆片段的相对生长速率显著相关($P<0.0001$)，两者存在显著的线性关系($y=5.38x-0.14$，$R=0.97$)。

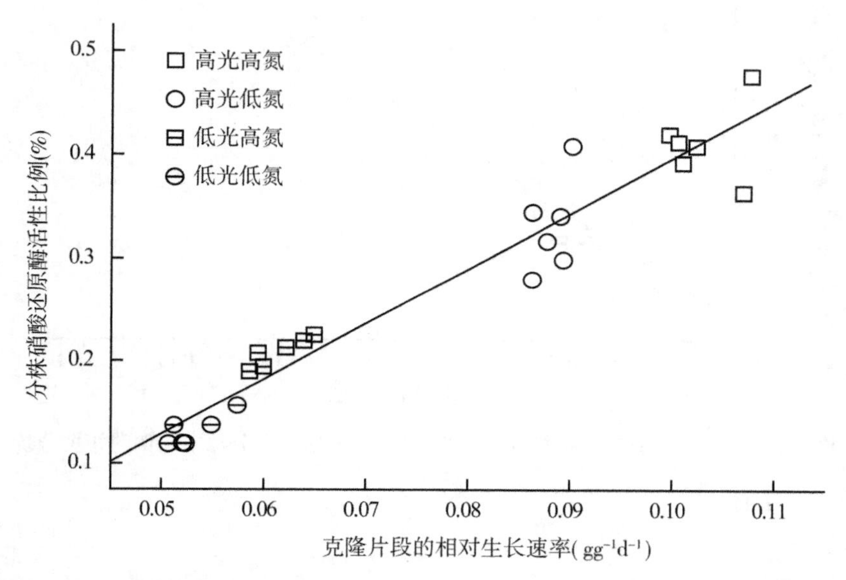

图7-7 凤眼莲整个克隆片段的相对生长速率NR活性在分株中比例的相关分析

GS活性在构件中的分配格局与NR相似，随着氮素和光照的减少明显下降。整个克隆处于高光照和高氮条件下，分株的GS活性比例为0.46，在低光低氮处理中最小为0.19，比高光高氮处理下降了59%。而且P-GS与整个克隆片段的相对生长速率也存在显著的相关($P<0.0001$)。回归分析显示(图7-8)，两者也具有显著的线性关系($y=5.58x-0.11$，$R=0.97$)。这表明凤眼莲作为一种主要以克隆繁殖方式为主的入侵植物，在异质氮素环境中，营养在克隆构件之间的分配以及分株的氮素同化能力对整个克隆的生长有着重要贡献。

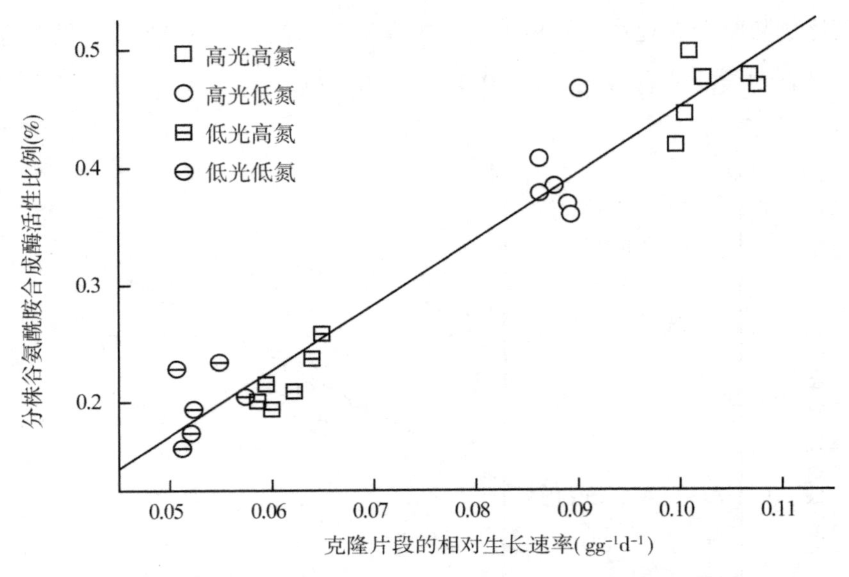

图 7-8　凤眼莲整个克隆片段的相对生长速率 GS 活性在分株中比例的相关分析

7.3　讨论

实验结果表明，克隆入侵植物凤眼莲在氮素异质环境下存在构件之间的生理整合，光照和主株可利用氮素对凤眼莲的生长、生物量分配以及从主株到分株的硝酸根离子运输有明显的影响。此外，高光高氮条件下，分株中 NR 和 GS 活性分配比例较高，整个凤眼莲克隆片段快速生长。

光照和可利用氮素的增加，可以促进主株、分株、整个克隆片段的生长，但是在不同的光照和氮素营养处理中，主株和分株表现出不等生长。增加光和氮素，使得分株的产量和数量明显增加，从而使分株与主株的干重比升高。分株数目主要受光照的影响，而分株大小则与可利用氮素关系更为密切。主株、分株以及整个克隆片段根和叶生物量的分配随着光照和氮素供应的不同也呈现出显著的变化，这与凤眼莲强的形态可塑性有着密切的关系(Center 和 Spencer 1981；Méthy 等，1990)。而分株的根叶生物量的分配与主株和整个克隆片段有着很大的不同，在不同的光照和氮素供应条件下，分株的生物量似乎更倾向于叶，因此表现出较低的根叶比，以前的研究发现，其他克隆植物在氮素异质环境中有相似的形态反应，这可能与克隆植物在氮素异质环境中构件的功能专化有关(Birth 和 Hutchings，1994)。

本研究表明，除了光照对凤眼莲相对生长速率、生物量分配以及形态特性有明显的影响外，还对凤眼莲不同构件的氮素代谢有着显著影响。从实验结果可以看出，在异质氮素条件下，克隆植物凤眼莲主株与分株之间有着不同的生理整合，并且光照和主株可利用氮素对生理整合有明显的促进作用。基于氮素异质环境下克隆植物能通过生理整合作用使氮素从营养丰富的斑块向营养缺乏的斑块运输，对主株的高氮处理加剧了凤眼莲主株与分株之间的异质化程度，从而导致构件间生理整合功能的增加。分株叶片的硝酸根含量总是高于其根部含量，可能是由于主株提供给分株的氮素大部分运输到叶中进行同化。Saitoh 等(2006)用同位素^{15}N 检测克隆植物发现，主株通过克隆整合提供给分株的营养主要分配到分株的叶片，与本研究的实验结果相一致。氮素在分株的分配格局表明分株叶片可能起到了氮素库的作用，如果凤眼莲的分株是一个氮素库，那么它们对氮素营养的竞争能力可能影响氮素从主株到分株的运输。因此，当整个克隆的光照减少时，分株对氮素的需求能力显著下降，从而导致分株中硝酸盐含量的降低。在主株和分株的根、叶都检测到 NR 和 GS 活性。由于 NR 是一种底物诱导酶，它的活性与可利用氮素有关，因此可以反映出组织中可利用的硝酸根的情况。在相连的匍匐茎中也检测到了异常高的 NR 活性，并且与分株根和叶的 NR 活性显著相关。在克隆植物中，匍匐茎对于整个克隆的氮素同化作用还不太清楚，但普遍认为，作为一种营养储存组织，匍匐茎可能同化氮素的能力较弱。作为主株向分株运输营养的通道，其活性可能在一定程度上反映出主株向分株的营养输送情况，同时表明主株和分株之间存在库-源联系。然而，分株的 NR 活性与整个克隆片段的相对生长速率并无显著相关，但是这并不能排除异质氮素条件下，构件之间的营养传递对整个克隆生长的重要作用。由于同一克隆的分株之间可能存在对主株提供营养的竞争，因此个体分株的氮素同化不仅取决于分株对主株的竞争能力，而且还取决于与其他分株的竞争。事实上，在分株中的 NR 和 GS 活性分布比例与整个克隆的相对生长速率有着密切的关系。当整个克隆快速生长时，主要的氮素同化发生在分株中，这表明高比例分株的氮素同化对整个克隆生长可能是有利的。Marbà 等(2006)在对几种克隆生长的海草的研究中发现，快速生长物种在富营养条件下克隆整合作用较强，而对于慢速生长物种则更倾向于在低养条件下构件之间的营养共享。因此，氮素营养的构件之间的运输和同化可能是调节克隆植物生长速度和结构的一种重要机制。

作为一种克隆生长的匍匐茎杂草，凤眼莲更倾向于生长在富营养化的水体中。在其早期生长阶段，主株和新生出的分株可能经历短期的异质营养时期，分株的生长依赖于主株的营养供给，因此，氮素运输和同化的构件分配可能对凤眼莲整个克隆体系的建立起到关键作用。向分株内的营养运输以及在分株内的氮素同化有利于整个克隆的快速生长，在营养丰富的条件下，这样的营养策略增加了获取更多营养的机会。克隆植物凤眼莲通过快速分株的克隆生长，在与其他物种竞争空间营养取得优势。而在不利的环境，如营养缺乏的情况下，增加在主株的资源储藏以及减少对分株营养的投资，可能非常有利于在逆境下整个克隆片段的生存。综上所述，凤眼莲的氮素代谢在主株和分株的分配策略，可能是其在富营养化水体中的成功入侵的主要原因。

第 8 章　研究结论与展望

8.1　研究结论

通过对入侵种凤眼莲与本地种鸭舌草的遗传结构比较分析、凤眼莲应对光照和氮素营养的形态和生理可塑性表现、应对铵盐胁迫的生理反应以及克隆片段在异质环境下生理整合的研究，得出以下结论：

(1)遗传多样性分析表明，中国区域内的凤眼莲 6 个种群间和种群内遗传多样性都极低，这与其引入历史和繁殖模式有着密切关系。极低的遗传多样性并没有阻碍凤眼莲的成功入侵，凤眼莲的成功入侵可能与它的其他适应性有关。同一基因型的克隆遗传结构是其历史起源所形成的后果，在我国分布区的凤眼莲可能来源于亲缘关系很近的几个克隆甚至是同一个克隆，有很明显的“奠基者效应”。

(2)凤眼莲在不同的光和氮素营养条件下，表现出极强的形态和生理可塑性。光照和氮素营养的增加，一方面，明显促进了凤眼莲的生长和克隆繁殖，对其生物量分配和克隆构件结构也有明显的影响；另一方面提高了凤眼莲氮素同化能力，具体表现为：氮素代谢过程中的关键酶硝酸还原酶和谷氨酰胺合成酶活性升高，氮素代谢产生含氮化合物的增多，氮素同化主要集中在叶片，使其氮素同化效率得到最大限度的体现。

(3)测定不同光照和氮浓度处理条件下的凤眼莲的光合特征，掌握凤眼莲在资源供给条件下中的光合特性以及碳同化产物积累，光照和氮素及其互作明显提高了凤眼莲植株净光合速率，在养分充足条件下，贮存物质较少，多用于碳、氮的同化与生产。凤眼莲极强的光合能力是其生长迅速、生产力高及蔓延性强的一个重要生理基础。

(4)凤眼莲对铵盐表现出较强的耐受能力，高浓度处理的铵盐对凤眼莲的生长有所抑制，但相比低铵处理的凤眼莲，相对生长速率和克隆生长仍然处于一个较高的水平。根和叶的谷氨酰胺合成酶和谷氨酸脱氢酶活性在铵盐营养下要明显高于硝酸盐营养的活性，表明这两个关键酶在调解凤眼莲耐铵生理中有着重要作用。凤眼莲表现出对铵盐强的耐受力实际上是其对富营养化水体生态环境的一种适应性。

(5)凤眼莲在异质氮素环境下，表现出不同程度的克隆构件间的生理整合，氮素异质化程度和光照增强明显促进克隆植物的生理整合，氮素同化在分株中所占的比例与整个凤眼莲克隆片段的生长显著相关。生理整合对于入侵种克隆植物凤眼莲在生长初期是极其重要的，是凤眼莲适应环境的一个显著特性。

8.2　研究展望

凤眼莲作为一种世界广布的克隆生长入侵植物，能够适应光照、氮素营养、重金属污染等多种环境因子的变化，通过快速的克隆生长方式建立和扩张其种群。但目前关于凤眼莲入侵和扩散的途径、有性繁殖过程及其种子存活和幼苗萌发规律、异质环境条件下植株的克隆整合机理等问题尚需进一步研究，特别是在全球气候变化引起自然环境条件改变的大背景下，加强这些环境条件变化对凤眼莲生长和繁殖的影响研究，可以为更全面地了解凤眼莲的入侵机理和制定科学的防控对策提供科学参考，主要包括以下几个方面：

(1)入侵植物种群的遗传变异和分子地理学一直是植物入侵的研究热点，对世界不同地区的入侵植物特别是原产地的种群遗传多样性进行比较研究，探讨其起源与扩散机制。

(2)加强对于其生物学特性和生活史特征的研究，研究植物克隆繁殖和有性繁殖之间的权衡，从进化的角度认识植物入侵的机理。

(3)从全球气候变化的角度分析，研究全球变暖以及大气 CO_2 浓度的增加对入侵植物的影响，尤其是入侵植物应对气候变化表现出的生理可塑性反应。

(4)研究入侵植物的克隆生长以及构件之间库和源之间的联系以及调控机制，以及在逆境中的动态变化。

(5)由于入侵植物一旦建立种群以后，往往很难根除，研究科学、有效的综合治理对策势在必行。

参 考 文 献

[1] 丁建清. 农田杂草的生物防治[J]. 中国生物防治, 1995, 11: 129-133.

[2] 刁正俗. 中国水生杂草[M]. 重庆: 重庆出版社, 1989.

[3] 王伯荪, 廖文波, 昝启杰, 等. 薇甘菊 *Mikania micrantha* 在中国的传播[J]. 中山大学学报(自然科学版), 2003, 42: 47-54.

[4] 司友斌, 王慎强, 陈怀满. 农田氮、磷的流失与水体富营养化[J]. 土壤, 2000, 32 : 188-193.

[5] 朱增银, 陈灿, 贾海霞, 等. 不同氮源对苦草(*Vallisneria natans*)生长及生理指标的影响[J]. 植物资源与环境学报, 2006, 15: 48-51.

[6] 严国安, 任南, 等. 环境因素对凤眼莲生长及净化作用的影响[J]. 环境科学与技术, 1994, 64: 2-5.

[7] 李博, 廖成章, 高雷, 等. 入侵植物凤眼莲管理中的若干生态学问题[J]. 复旦大学学报(自然科学版), 2004, 43: 267-274.

[8] 李学宝, 何光源, 吴振斌, 等. 凤眼莲、水花生若干光合作用参数与酶类的研究[J]. 水生生物学报, 1994, 19: 333-337.

[9] 李振宇, 解焱. 中国外来入侵种[J]. 北京: 中国林业出版社, 2002.

[10] 沙伟, 周福军, 祖元刚. 东北地区豚草种群的遗传变异与遗传分化[J]. 植物研究 1999, 19: 452-456.

[11] 肖焱波, 李文学, 段宗彦, 等. 植物对硝态氮的吸收及其调控[J]. 中国农业科技导报, 2002, 4: 56-59.

[12]金相灿，刘鸿亮. 中国湖泊富营养[M]. 北京：中国科学出版社，1990：31-32.

[13]金春华，陆开宏，胡智勇，等. 粉绿狐尾藻和凤眼莲对不同形态氮吸收动力学研究[J]. 水生生物学报，2011，35：75-79.

[14]段光明. 叶绿素含量测定中 Arnon 公式的推导[J]. 植物生理学通讯，1992，28：221-222.

[15]段慧，强胜，苏秀红，等. 用 AFLP 技术分析紫茎泽兰的遗传多样性[J]. 生态学报，2005：2109-2114.

[16]祖元刚，沙伟. 三裂叶豚草和普通豚草的染色体核型分析[J]. 植物研究，1999，19：48-52.

[17]夏立群，李伟，李建强. 论克隆植物的遗传多样性[J]. 生物学通报，2002，19：425-431.

[18]徐汝梅，叶万辉. 生物入侵——理论与实践[M]. 北京：科学出版社，2003.

[19]徐承远，张文驹，卢宝荣，等. 生物入侵机制研究进展[J]. 生物多样性，2001 ，9：430-438.

[20]柴印萍，柴晓清，刘祥林，等. 叶绿体发育和光对小麦谷氨酰胺合成酶基因表达的影响[J]. 植物学报，1994，36：597-602.

[21]耿宇鹏，张文驹，李博，等. 表型可塑性与外来植物的入侵能力[J]. 生物多样性，2004，12：447-455.

[22]彭少麟，向言词. 植物外来种入侵及其对生态系统的影响[J]. 生态学报，1999，19：560-568.

[23]董鸣. 资源异质性环境中的植物克隆生长：觅食行为[J]. 植物学报，1996，38：828-835.

[24]潘巧云，梁汉钊，Sosa A，等. 喜旱莲子草茎叶解剖结构从原产地到入侵地的变异式样[J]. 生物多样性，2004，14：232-240.

[25]Aerts R. Chapin FS III：The mineral nutrition of wild plants revisited：a re-evaluation of processes and patterns[J]. Adv Ecol Res，2000，30：

1-67.

[26] Alpert P, Holzapfel C, Slominski C. Differences in performance between genotypes of *Fragaria chiloensis* with different degrees of resource sharing[J]. J Ecol, 2003, 91: 27-35.

[27] Alpert P, Stuefer J F. Division of labour in clonal plants. In: de Kroon H & van Groenendael J eds. Ecology and evolution of clonal plants[M]. Leiden: Backhuys Publishers, 1997: 137-154.

[28] Alpert P. Nitrogen sharing among ramets increases clonal growth in *Fragaria chiloensis*[J]. Ecology, 1991, 72: 69-80.

[29] Alston K P, Richardson D M. The roles of habitat features, disturbance, and distance from putative source populations in structuring alien plant invasions at the urban/wildland interface on the Cape Peninsula, South Africa[J]. Biol Conserv, 2006, 132: 183-198.

[30] Ameziane R, Bernhard K, Lightfoot D. Expression of bacterial *gdh* A gene encoding a NADPH glutamate dehydrogenasein tobacco affects plant growth and development[J]. Plant Soil, 2000, 221: 47-57.

[31] Andrews M. The partitioning of nitrate assimilation between root and shoot of higher plants[J]. Plant Cell and Environ, 1986, 9: 511-519.

[32] Asner G P, Vitousek P M. Remote analysis of biological invasion and biogeochemical change [J]. Proc Natl Acad Sci USA 2005, 102: 4383-4386.

[33] Athwal G S, Huber S C. Divalent cations and polyamines bind to loop 8 of 14-3-3 protein, modulating their interaction with phosphorylated nitrate reductase[J]. Plant J, 2002, 29: 119-129.

[34] Baker H G. Characteristics and modes of origin of weeds. In: Baker H G, Stebbins G I eds. The genetics of colonizing species[M]. New York: Academic Press, 1965, 6: 147-172.

[35] Barrett S C H. Genetic variation in weeds. In: R C charudattan & H

Lynn Walker eds. Biological control of weeds with plant pathogens[M]. New York: John Wiley, 1982: 73-98.

[36] Barrett S C H. Sexual reproduction in *Eichhornia crassipes*. II. Seed production in natural populations[J]. J Appl Ecol, 1980, 17: 113-124.

[37] Barrett, S C H. Genetics of weed invasions. In: Jain S K, Botsford L W eds. Applied population biology. Dordrecht: Kluwer Academic Publishers, 1992: 91-119.

[38] Bidwell S, Attiwill P M, Adams M A. Nitrogen availability and weed invasion in a remnant native woodland in urban Melbourne[J]. Austral Ecol, 2006, 31: 262-270.

[39] Bijlsma R L, Lambers H, Kooijman S A L M. A dynamic whole plant model of integrated metabolism of nitrogen and carbon. Comparative ecological implications of ammonium nitrate interactions[J]. Plant Soil, 2002, 20: 49-69.

[40] Bradford M A. Rapid and sensitive method for the quantitation of microgram quantities of protein utilizing the principle of protein-dye binding[J]. Anal Biochem, 1976, 72: 248-254.

[41] Britto D T, Kronzucker H J. NH_4^+ toxicity in higher plants: a critical review[J]. J Plant Physiol, 2002, 159: 567-584.

[42] Bungard R A, Wingler A, Morton J D, et al. Ammonium can stimulate nitrate and nitrite reductase in the absence of nitrate in Clematis vitalba[J]. Plant Cell Environ, 1999, 22: 859-866.

[43] Burns J H. A comparison of invasive and noninvasive dayflowers (Commelinaceae) across experimental nutrient andwater gradients[J]. Divers Distrib, 2004, 10: 387- 397.

[44] Cammaerts D, Jacobs M. A study of the role of glutamate dehydrogenase in the nitrogen metabolism of *Arabidopsis thaliana*[J]. Planta, 1985, 163: 517-526.

[45] Carol E L. Evolutionary genetics of invasive species[J]. Trend Ecol Evol, 2002, 17: 386-391.

[46] Cataldo D A, Haroon M, Schrader L E, et al. Rapid calorimetric determination of nitrate in plant tissues by nitration of salicylic acid[J]. Commun Soil Sci Plant Analy, 1975, 6: 71-80.

[47] Cedergreen N, Madsen T V. Nitrate reductase activity in roots and shoots of aquatic macrophytes[J]. Aquat Bot, 2003, 76: 203-212.

[48] Center T D, Spencer N R. The phenology and growth of water hyacinth (*Eichhornia crassipes* \ [Mart. \ ] Solms) in a eutrophic north-central Florida lake[J]. Aquat Bot, 1981, 10: 1-32.

[49] Cheplick G P. Amodular approach to biomass allocation in an invasive annual (*Microstegium vimineum*; Poaceae)[J]. Amer J Bot, 2006, 93: 539-545.

[50] Choo Y S, Albert R. Mineral ions, nitrogen and organic solute pattern in sedge (*Carex* spp.)—a contribution to the physiotype concept. II[J]. Culture experiments. Flora, 1999, 194: 75-87.

[51] Choo Y S, Lee C B, Albert R. Effects of nitrogen nutrition on the pattern of ions and organic solutes in five sedges (*Carex* spp.) [J]. Flora, 2002, 197: 56-66.

[52] Claussen W, Lenz F. Effect of ammonium or nitrate nutrition on net photosynthesis, growth, and activity of the enzymes nitrate reductase and glutamine synthetase in blueberry, raspberry and strawberry [J]. Plant Soil, 1999, 208: 95-102.

[53] Cook C D K. Aquatic Plant Book [M]. Netherland: SPB Academic Publishing, 1990.

[54] Cook R E. Clonal plant populations[J]. Am Sci, 1983, 71: 244-253.

[55] Cordell S, Goldstein G, Mueller D D, et al. Physiological and morphological variation in *Metrosideros polymorpha*, a dominant

Hawaiian tree species, along an altitudinal gradient: The role ofphenotypic plasticity[J]. Oecologia, 1998, 113: 188-196.

[56] Cruz C, Bio A F M, Domínguez-Valdivia M D, Aparicio-Tejo P M, et al. How does glutamine synthetase activity determine plant tolerance to ammonium? [J]. Planta, 2006, 223: 1068-1080.

[57] Davis M A, Grime J P, Thompson K. Fluctuating resources in plant communities: a general theory of invisibility[J]. Biol Conserv, 2000, 84: 167-180.

[58] de Kroon H, Hutchings M J. Morphological plasticity in clonal plants: The foraging concept reconsidered[J]. J Ecol, 1995, 83: 143-152.

[59] Dobois M, Gilles K A, Hamilton J K, et al. Colorimetric method for the determination of sugars and related substances[J]. Analy Chem, 1956, 28: 350-355.

[60] Dong M. Clonal growth in plants in relation to resource heterogeneity: foraging behavior[J]. Acta Bot Sinica, 1996, 38: 828-835.

[61] Draurt N, Goufil P, Dewaele E, et al. Nitrate assimilation in chicory roots (*Cichorium intybus* L.) which acquire radial growth[J]. J Exp Bot, 2000, 51: 539-546.

[62] Duke S H, Duke S O. *In vitro* nitrate reductase activity and *in vivo* phytochrome measurement of maize seedlings as affected by various light treatments[J]. Plant Cell Physiol, 1978, 19: 481-490.

[63] Durand L Z, Goldstein G. Photosynthesis, photo-inhibition, and nitrogen use efficiency in native and invasive tree ferns inHawaii[J]. Oecologia, 2001, 126: 345-354.

[64] Elam D R, Ridley C E, Goodell K, Ellstrand N C. Population size and relatedness affect fitnessof a self-incompatible invasive plant[J]. Proc Natl Acad Sci USA, 2007, 104: 549-552.

[65] Ellstrand N C, Roose M L. Patterns of genotypic diversity in clonal plant species[J]. Am J Bot, 1987, 74: 123-131.

[66] Ellstrand N C, Schierenbeck K A. Hybridization as a stimulus for the evolution of invasiveness in plants? [J]. Proc Natl Acad Sci USA, 2000, 97: 7043-7050.

[67] Esselman E J, Li J Q, Crawford D J, Windus J L, Wolfe A D. Clonal diversity in the rare *Calamagrostis porteri* ssp. *insperata* (Poaceae): comparative results for allozymes and random amplified polymorphic DNA (RAPD) and intersimple sequence repeat (ISSR) markers[J]. Mol Ecol, 1999, 8: 443-451.

[68] Evans J P. The effect of local resource availability and clonal integration on ramet functional morphology in *Hydrocotyle bonariensis* [J]. Oecologia, 1992, 89: 265-276.

[69] Excoffier L, Smouse P E, Quattro J M. Analysis of molecular variance inferred from metric distances among DNA haplotypes: application to human mitochondrial DNA restriction [J]. Genetics, 1992, 131: 479-491.

[70] Finnemann J, Schjoerring J K. Post-translational regulation of cytosolic glutamine synthetase by reversible phosphorylation and 14-3-3 protein interaction[J]. Plant J, 2000, 24: 171-181.

[71] Frechilla S, Lasa B, Aleu M, Juanarena N, Lamsfus C, Aparicio-Tejo P M. Short-term ammonium supply stimulates glutamate dehydrogenase activity and alternative pathway respirationin roots of pea plants[J]. J Plant Physiol, 2002, 159: 811-818.

[72] Gebauer G, Rehder H, Wollenweber B. Nitrate, nitrate reduction and organic nitrogen in plants from different ecological and taxanomic groups of central Europe[J]. Oecologia, 1988, 75: 371-385.

[73] Glevarec G, Bouton S, Jaspard E, et al. Respective roles of glutamine

synthetase/glutamate synthase cycle and glutamate dehydrogenase in ammonium and amino acid metabolism during germinationand post-germinative growth in the model legume Medicagotruncatula[J]. Planta, 2004, 219: 286-297.

[74] Godwin I D, Aitken E A, Smith L W. Application of intersimplesequence repeat (ISSR) markers to plant genetics[J]. Electrophoresis, 1997, 18: 1524-1528.

[75] Gonjon A, Passard C, Bussi C. Root/shoot distribution of NO_3^- assimilation in herbaceous and woody species. In: Roy R, Garnier E eds. A Whole Plant Perspective on Carbon-nitrogen Interactions[M]. Hague: SPB Academic Publishing, 994: 131-147.

[76] Grace, J B. The adaptive significance of clonal reproduction in angiosperms: an aquatic perspective [J]. Aquat Bot, 1993, 44: 159-180.

[77] Gross K L, Pregitzer K S, Burton A J. Spacial variation in nitrogen availability in three successional plant communities[J]. J Ecol, 1995, 83: 357-367.

[78] Grotkopp E, Rejmánek M. High seedling relative growth rate and specific leaf area are traits of invasive species: phylogenetically independent contrasts of woody angiosperms[J]. Amer J Bot, 2007, 94: 526-532.

[79] Haba P, Aguera E, Benitez L, Maldonado J M. Modulation of nitrate reductase activity in cucumber(*Cucumis sativus*) roots[J]. Plant Sci, 2001, 161: 231-237.

[80] Hamrick J L, Godt M J W. Allozyme diversity in plant species. In: Brown A H D, Clegg M T, Kahler A L, Weir B S eds. Plant Population Genetics, Breeding, and Genetic Resources[M]. Sinauer Associates, Sunderland, MA, 1990: 43-63.

[81] Harper J L. Modules, branches and the capture of resources. In: Jackson JBC, Buss LW & Cook RE eds. Population Biology and Evolution of Clonal Organisms[M]. New Haven: Yale University Press, 1985: 1-33.

[82] Hellström K, Kytöviita M-M, Tuomi J, Rautio P. Plasticity of clonal integration in the perennial herb *Linaria vulgaris* after damage [J]. Funct Ecol, 2006, 20: 413-420.

[83] Hertling U M, Lubke R A. Assessing the potential for biological invasion — the case of *Ammophila arenaria* in South Africa[J]. South Afri JSci, 2000, 96: 520-527.

[84] Hirel B, Lea P J. The biochemistry, molecular biology, and genetic manipulation of primary ammonium assimilation. In: Foyer CH, Noctor G, eds. Photosynthetic nitrogen assimilation and associated carbon and respiratory metabolism[M]. Kluwer, London, 2002: 71-92.

[85] Hirel B, Vidal J, Gadal P. Evidence for a cytosolic-depedent light induction of chloroplastic glutamine synthetase during greening of etiolated rice leaves[J]. Planta, 1982, 155: 17-23.

[86] Hofstra D E, Clayton J, Green J D, Adam K D. RAPD profiling and isozyme analysis of New Zealand *Hydrilla verticillata* [J]. Aquat Bot, 2000, 66: 153-166.

[87] Hollingsworth M L, Bailey J P. Evidence of massive clonal growth in the invasive weed *Fallopia japonica* (Japanese knotweed) [J]. Bot J Linn Soc, 2000, 133: 463-472.

[88] Howard G W, Harley K L S. How do floating aquatic weeds affect wetland conservation and development? How can these effects be minimised? [J]. Wetlands Ecol and Manage, 1998, 5: 215-225.

[89] Huenneke L F, Hamburg S P, Koide R. Effects of soil resources on plant invasion and community structure in Californian Serpentine

grassland[J]. Ecology, 1990, 71: 478-491.

[90]Hunt R. Plant growth curves. In: The Functional Approach to Plant Growth Analysis[M]. University Park Press, 1982: 248.

[91]Husted S, Hebbern C A, Mattsson M, Schjoerring J K. A critical experimental evaluation of methods for determination of NH4 in plant tissue, xylem sap and apoplastic fluid[J]. Physiol Plant, 2000, 109: 167-179.

[92]Hutchings M J, de Kroon H. Foraging in plant: The role of morphological plasticity in resource acquisition[J]. Adv Ecol Res, 1994, 25: 159-238.

[93]Hutchings M J, Price A C P. Does physiological integration enable clonal herbs to integrate the effects of environmental heterogeneity? [J]. Plant Spec Biol, 1993, 8: 95-105.

[94]Jackson R B, Caldwell M M. The scale of nutrient heterogeneity around individual plant and its quantification with geostatistics[J]. Ecology, 1993, 74: 612-614.

[95]Jampeetong A, Brix H, Kantawanichkul S. Effects of inorganic nitrogen forms on growth, morphology, nitrogen uptake capacity and nutrient allocation of four tropical aquatic macrophytes (*Salvinia cucullata*, *Ipomoea aquatica*, *Cyperus involucratus* and *Vetiveria zizanioides*)[J]. Aquat Bot, 2012, 97: 10-16.

[96]Jonasson S. Implications of leaf longevity, leaf nutrient reabsorption and translocation for the resource economy of five evergreen plant species [J]. Oikos, 1989, 56: 121-131.

[97]Kaiser W M, Huber S C. Correlation between apparent activation state of nitrate reductase (NR), NR hysteresis and degradation of NR protein[J]. J Exp Bot, 1997, 48: 1367-1374.

[98]Kaiser W M, Huber S C. Post-translational regulation of nitrate

reductase: mechanism, physiological relevance and environmental triggers[J]. J Exp Bot, 2001, 52: 1981-1989.

[99]Keller E M. Genetic variation among and within populations of *Phragmites australis* in the Charles River watershed Barbara[J]. Aquat Bot, 2000, 66: 195-208.

[100]Klein D, Mocuende R, Stitt M, Krapp A. Regulation of nitrate reductase expression in leaves by nitrate and nitrogen metabolism is completely overridden when sugars fall bellow a critical level[J]. Plant Cell Environ, 2000, 23: 863-871.

[101]Klimes L, Klimešová J, Cižkova H. Carbohydrate storage in rhizomes of *Phragmites australis*: the effects of altitude and rhizome age[J]. Aquat Bot, 1999, 64: 105-110.

[102] Klimes L, Klimesova J, Hendriks R, van Groenendael J. Clonal architecture: a comparative analysis of form and function. In: de Kroon H & van Groenendael J, eds. The Ecology and Evolution of Clonal Plants[M]. Leiden: Backbuys Publishers, 1997: 1-29.

[103] Kolar C S, Lodge D M. Progress ininvasion biology: predicting invaders[J]. Trend Ecol Evol, 2001, 16: 199-204.

[104]Koren S M, Lambers H, Atkin O K. The contributions of roots and shoots to whole plant nitrate reduction in fast-and-slow-growing grass species[J]. J Exp Bot, 2002, 53: 1635-1642.

[105]Lam H M, Coschigano K T, Oliveira I C, Oliveira R M, Coruzzi G. The molecular genetics of nitrogen assimilation into amino acids in higher plants[J]. Annu Rev Plant Physiol Plant Mol Biol, 1996, 47: 569-593.

[106] Lambers H, Freijsen N, Poorter H, Hirose T, Van der Werf A. Analyses of growth based on net assimilation rate and nitrogen productivity. Their physiological background. In: Lambers H,

Cambridge M L, Konings H, Pons TL, eds. Causes and Consequences of Variation in Growth Rate and Productivity of Higher Plants[M]. The Hague: SPB Academic Publishing, 1990: 1-18.

[107] Larios B, Aguera E, de la Haba P, et al. A short-term exposure of cucumber plants to rising atmospheric CO_2 increases leaf carbohy-drate content and enhances nitrate reductase expression and activity[J]. Planta, 2001, 212: 305-312.

[108] Lasa B, Frechilla S, Aparicio-Tejo P M, Lamsfus C. Role of glutamate dehydrogenase and phosphoenolpyruvate carboxilase activity in ammonium nutrition tolerance in roots[J]. Plant Physiol Biochem, 2002, 40: 969-976.

[109] Lavergne S, Molofsky J. Increased genetic variation and evolutionary potential drive the success of an invasive grass[J]. Proc Natl Acad Sci USA, 2006, 104: 3883-3888.

[110] Lea P J, Robinson S A, Stewart G R. The enzymology and metabolism of glutamine, glutamate and asparagine. In: Miflin BJ, Lea PJ, eds. The Biochemistry of Plants[M]. New York: Academic Press, 1990, 16: 121-160.

[111] Leicht S A, Silander J A. Differential responses of invasive *Celastrus orbiculatus* (Celastraceae) and native *C. scandens* to changes in light quality[J]. Amer J bot, 2006, 93: 972-977.

[112] Les, D H. Breeding systems, population structure, and evolution in hydrophilous angiosperms[J]. Ann Mo Bot Gard, 1988, 75: 819-835.

[113] Lewontin R. The apportionment of human diversity[J]. Efvol Biol, 1972, 6: 381-398.

[114] Lillo C, Meyer C, Lea U S, Provan F, Oltedal S. Mechanism and importance of post-translational regulation of nitrate reductase[J]. J Exp Bot, 2004, 55: 1275-1282.

[115] Lillo C, Meyer C, Ruoff P. The nitrate reductase circadian system. The central colock dogma contra multiple oscillatory feedback loops[J]. Plant Physiol, 2001, 125: 1554-1557.

[116] Lima L, Seabra A, Melo P, et al. Post-translational regulation of cytosolic glutamine of *Medicago truncatula*[J]. J Exp Bot, 2006, 57: 2751-2761.

[117] Long D M, Oaks A, Rothstein S J. Regulation of maize root nitrate reductase mRNA levels[J]. Physiol Plant, 1992, 22: 561-566.

[118] MacDougall A S, Turkington R. Are invasive species the drivers or passengers of change in degraded ecosystems? [J]. Ecology, 2005, 86: 42-55.

[119] Mack R N, Simberloff D, Lonsdale W M, et al. Biotic invasions: causes, epidemiology, global consequences and control[J]. Ecol, 2000, 10: 689-710.

[120] Magyar G, Kun Á, Oborny B, Stuefer J F. The importance of plasticity and decision-making strategies for plant resource acquisition in spatio-temporally variable environments[J]. New Phytol, 2007, 174: 182-193.

[121] Majerowicz N, Kerbauy G B. Effects of nitrogen forms on dry matter partitioning andnitrogen metabolism in two contrasting genotypes of *Catasetum fimbriatum* (Orchidaceae)[J]. Environ Exp Bot, 2002, 47: 249-258.

[122] Maki M, Morita H, Oiki S. The effect of geographic range and dichogamy on genetic variability and population genetic structure in *Tricyrtis* section *Flavae* (Liliaceae)[J]. Amer J Bot, 1999, 86: 287-292.

[123] Mal T K, Lovett-Doust J. Phenotypic plasticity in vegetative and reproductive traits in an invasive weed, *Lythrum salicaria*

(Lythraceae), in response to soil moisture[J]. Amer J Bot, 2005, 92: 819-825.

[124] Mantel N A. The detection of disease clustering and generalized regression approach[J]. Cancer Res, 1967, 27: 209-220.

[125] Marbà N, Hemminga M A, Duarte C M. Resource translocation within seagrass clones: allometric scaling to plant size and productivity[J]. Oecologia, 2006, 150: 362-372.

[126] Marshall C. Source-sink relations of interconnected ramets. In: van Groenendael J, de Kroon H, eds. Clonal Growth in Plants: Regulation and Function[M]. Academic Publishing, The Hague, 1990: 23-41.

[127] Martino C D, Delfine S, Pizzuto R, et al. Free amino acids and glycine betaine in leaf osmoregulation of spinach responding to increasing salt stress[J]. New Phytol, 2003, 158: 455-463.

[128] Matt P, Geiger M, Walch-Liu P, et al. Elevated carbon dioxide increases nitrate uptake and nitrate reductase activity when tobacco is growing on nitrate, but increases ammonium uptake and inhibits nitrate reductase activity when tobacco is growing on ammonium nitrate[J]. Plant Cell Environ, 2001, 24: 1119-1137.

[129] Maurer D A, Zedeler J B. Differential invasion of a wetland grass explained by tests of nutrients and light availability on establishment and clonal growth[J]. Oecologia, 2002, 131: 279-288.

[130] Mcdowell S C L. Photosynthetic characteristics of invasive and noninvasive species of Rubus (Rosaceae)[J]. AmerJBot, 2002, 89: 1431-1438.

[131] Meekins J F, Mccarthy B C. Responses of the biennial fores therb *Alliaria petiolata* to variation in population density, nutrient addition and light availability[J]. J Ecol, 2000, 88: 447-463.

[132] Methy M, Alpert P, Roy J. Effects of light quality and quantity on

growth of the clonal plant *Eichhornia crassipes*[J]. Oecologia, 1990, 84: 265-271.

[133] Miflin B J, Lea P J. Ammonia assimilation. In: Miflin BJ, ed. The Biochemistry of Plants[M]. New York: Academic Press, 1980, 5: 169-202.

[134] Munzarova E, Lorenzen B, Brix H, Vojtiskova L, Votrubova O. Effect of NH_4^+/NO_3^- availability on nitrate reductase activity and nitrogen accumulation in wetland helophytes *Phragmites australis* and *Glyceria maxima*[J]. Environ Exp Bot, 2006, 55: 49-60.

[135] Myers J H, Bazely D R. Ecology and control of introduced plants[M]. Cambridge: Cambridge University Press, 2003.

[136] Nei M. Estimation of average heterozygosity and genetic distance from a small number of individuals[J]. Genetics, 1978, 89: 583-590.

[137] Nei M. Analysis of gene diversity in subdivided populations[J]. Proc Nation Acad Sci USA, 1973, 70: 3321-3323.

[138] Novak, S J, Mack, R N. Genetic variation in *Bromus tectorum* (Poaceae): comparison between native and introduced populations[J]. Heredity, 1993, 71: 167-176.

[139] Oaks A. Primary nitrogen assimilation in higher plants and its regulation[J]. Can J Bot 1994, 71: 739-750.

[140] Omarov R T, Sagi M, Lips S H. Regulation of aldehydeoxidase and nitrate reductase in roots of barley (*Hordeum vulgare* L.) by nitrogen source and salinity[J]. J Exp Bot, 1998, 49: 897-902.

[141] Paganetto A, Carpaneto A, Gambale F. Ion transport and metal sensitivity of vacuolar channel sfrom the roots of the aquatic plant *Eichhornia crassipes*[J]. Plant Cell Environ, 2001, 24: 1329-1336.

[142] Parker I M, Roariguez J, Loik M E. An evolutionary approach to understanding biology of invasions: local adaptation and general-

purpose genotypes in the weed *Verbascum thapsus*[J]. Conserv Biol, 2003, 17: 59-72.

[143] Pattison R R, Goldstein G, Ares A. Growth, biomass allocation and photosynthesis of invasive and native Hawaiian rainforest species[J]. Oecologia, 1998, 117: 449-459.

[144] Peltzer D A. Does clonal integration improve competitive ability? A test using Aspen (*Populus tremuloides* [Salicacaeae]) invasion into prairie[J]. Amer J Bot, 2002, 89: 494-499.

[145] Peterman T K, Goodman H M. The glutamine synthetase gene family of *Arabidopsis thaliana*: light regulation and differential expression in leaves, root, and seeds[J]. Mol Gene Genet, 1991, 230: 145-154.

[146] Pitelka L F, Ashmun J W. Physoiology and integration of ramets in clonal plants. In: Jackson J B C, Buss L W, Cook R E, eds. Population Biology and Evolution of Clonal Organisms [M]. New Haven Connecticut: Yale University Press, 1985: 399-435.

[147] Poulin J, Sakai A K, Weller S G, Nguyen T. Phenotypic plasticity, precipitation, and invasiveness in the fire-promoting grass *Pennisetum setaceum* (Poaceae)[J]. Amer J Bot, 2007, 94: 533-541.

[148] Pysek P. How reliable are data on alien species in flora Europaea? [J]. Flora, 2003, 198: 499-507.

[149] Reddy K R, Debusk W F. Growth characteristics of aquatic macrophytes cultured in nutrient-enriched water: Ⅰ. Water hyacinth, water lettuce and pennywort[J]. Econ Bot, 1984, 38: 229-239.

[150] Reddy K R, Agami M, Tucker J C. Influence of nitrogen supply rates on growth and nutrient storage by water hyacinth (*Eichhornia crassipes* (Mart.) Solms) plants[J]. Aquat Bot, 1989, 36: 33-43.

[151] Reichard S H, Hamilton C W. Predicting invasions of woody plants introduced into North America[J]. Conserv Biol, 1997, 11: 293-303.

[152] Rhodes D, Rendo G A, Stewart G R. The control of glutamine synthetase level in *Lemna minor*[J]. L. Planta, 1975, 125: 201-211.

[153] Rohlf F J. NTSYS-pc: Numerical Taxonomy and Multivariate Analysis System, Version 2.0 [M]. State University of New York, Stony Brook, 1992.

[154] Roiloa S R, Retuerto R. Physiological integration ameliorates effects of serpentine soils in the clonal herb *Fragaria vesca*[J]. Physiol Plant, 2006b, 128: 662-676 .

[155] Roiloa S R, Retuerto R. Small-scale heterogeneity in soil quality influences photosynthetic efficiency and habitat selection in a clonal plant[J]. Ann Bot, 2006a, 98: 1043-1052.

[156] Saitoh T, Seiwa K, Nishiwaki A. Effects of resource heterogeneity on nitrogen translocation within clonal fragments of *Sasa palmata*: an isotopic (^{15}N) assessment[J]. Ann Bot, 2006, 98: 657-663.

[157] Sakai A K, Allendorf F W, Holt J S, Lodge J M, et al. The population biology if invasive species [J]. Annu Rev Ecol Syst, 2001, 32: 305-332.

[158] Sala A, Verdaguer D, Vilà M. Sensitivity of the invasive geophyte *Oxalis pes-caprae* to nutrient availability and competition[J]. Ann Bot, 2007, 99: 637-645.

[159] Saltonstall K, Stevenson J C. The effect of nutrients on seedling growth of native and introduced *Phragmites australis*[J]. Aquat Bot, 2007, 6: 331-336.

[160] Scheible W R, Gonzàlez-Fontes A, Morcuende R, et al. Tobacco mutants with a decreased number of functional *nia* genes compensate by modifying the diurnal regulation of transcription, post-transcriptional modification and turnover of nitrate reductase[J]. Planta, 1997, 22: 304-319.

[161] Scherenbeck K A, Hamrick J L, Mack R N. Comparison of allozyme variability in a native and an introduced species of *Lonicera* [J]. Heredity, 1995, 75: 1-9.

[162] Schjoerring J K, Husted S, Mack G, Mattsson M. The regulation of ammonium translocation in plants[J]. J Exp Bot, 2002, 53: 883-890.

[163] Sculthorpe C D. The Biology of Aquatic Vascular Plant[M]. Edward Arnold, London, 1967.

[164] Shea K, Chesson P. Community ecology theory as a framework for biological invasion[J]. Trend Ecol Evol, 2002, 17: 107-114.

[165] Sipes S D, Wolf P G. Clonal structure and patterns of allozyme diversity in the rare endemic *Cycladenia humilis* var. *jonessii* (Apocynaceae)[J]. Amer J Bot, 1997, 84: 401-409.

[166] Sneath P H, Sokal R R Numerical Taxonomy[M]. WH Freeman, San Francisco, C A, USA, 1973.

[167] Solozano L. Determination of ammonium in natural waters by the phenolhypochlorite method[J]. Limnol Oceanogr, 1969, 14: 799-801.

[168] Spencer W, Bowes G. Photosynthesis and growth of water hyacinth under CO_2 enrichment[J]. Plant Physiol, 1986, 85: 906-909.

[169] Stöhr C, Mäck G. Diurnal changes in nitrogen assimilation of tobacco root[J]. J Exp Bot, 2001, 52: 1283-1289.

[170] Stuefer J F, During H J, de Kroon H High benefits of clonal integration in two stoloniferous species, in response to heterogeneous light environments[J]. J Ecol, 1994, 82: 511-518.

[171] Stuefer J F. Two types of division of labour in clonal plants: benefits, costs and constraints[J]. Perspect Plant Ecol Evol Syst, 1998, 1: 47-60.

[172] Sultan S E, Bazzaz F A. Phenotypic plasticity in *Polygonum persicaria*. III. The evolution of ecological breadth for nutrient environment[J].

Evolution, 1993, 47: 1050-1071.

[173] Sultan S E. Phenotypic plasticity for fitness components in *Polygonum* species of contrasting ecological breadth [J]. Ecology, 2001, 82: 328-343.

[174] Thévenot C, Simond-Côte E, Reyss A, et al. QTLs for enzyme activities and soluble carbohydrates involved in starch accumulation during grain filling in maize[J]. J Exp Bot, 2005, 56: 945-958.

[175] Thornton B, Robinson D. Uptake and assimilation of nitrogen from solutions containing multiple N sources [J]. Plant, Cell Environ, 2005, 28: 813-821.

[176] Tischner R. Nitrate uptake and reduction in higher and lower plants [J]. Plant Cell Environ, 2000, 23: 1005-1024.

[177] Touchette B W, Burkholder J M. Review of nitrogen and phosphorus metabolism in seagrasses[J]. J Exp Marine Biol Ecol, 2000, 250: 133-167.

[178] van Groenendael J, de Kroon H. Clonal Growth in Plants: Regulation and Function[M]. The Hague: SPB Academic Publishing, 1990.

[179] van Kleunen M, Fischer M, Schmid B. Clonal integration in *Ranunculus reptans*: by-product or adaptation? [J]. J Evol Biol, 2000, 13: 237-248.

[180] Vasseur L, Potvin C. Natural pasture community response to enriched carbon dioxide atmosphere[J]. Plant Ecol, 1998, 135: 31-41.

[181] Vitousek P M, et al. Introduced species: asignificant component of human-caused global change [J]. New Zealand J Ecol, 1997, 21: 1-16.

[182] Vuorisalo T, Tuomi J, Pedersen B, Kaar P. Hierarchical selection in clonal plants. In: de Kroon H, van Groenendael J, eds. The Ecology and Evolution of Clonal Plants[M]. Netherlands: Backbuys, 1997:

243-261.

[183] Walker N F, Hulme P E, Hoelzel R. Population genetics of an invasive species *Heracleum mantegazzianum*: implications for the role of life history, demographics and independent introductions[J]. Mol Ecol, 2003, 12: 1747-1756.

[184] Wang B R, Li W G, Wang J B. Genetic diversity of *Alternanthera philoxerides* in China[J]. Aquat Bot, 2005, 81: 277-283.

[185] Wang G X, Yamasue Y, Itoh K, Kusanagi T. Outcrossing rates as affected by pollinators and the heterozygotes advantage of *Monochoria korsakowii*[J]. Aquat Bot, 1998, 62: 135-143.

[186] Warwick B, David R K, et al. Competitiom for nitrogen between Australian native grasses and the introduced weed *Nassella trichotoma*[J]. Ann Bot, 2005, 96: 799-809.

[187] Waston M A, Cook G S. The development of spatial pattern in clone of an aquatin plant, *Eichhornia crassipes* Solms[J]. Amer J Bot, 1982, 69: 248-253.

[188] Weber E, Schmid B. Latitudinal population differentiation in two species of *Solidago* (Asteraceae) introduced into Europe[J]. Amer J Bot, 1998, 85: 1110-1121.

[189] Wijesinghe D K, Handel S T. Advantages of clonal growth in heterogeneous habitats: an experiment with *Potentilla simplex*[J]. J Ecol, 1994, 82: 495-502.

[190] Williams D G, Black R A. Phenotypic variation in contrasting temperature environments: growth and photosynthesis in *Pennisetum setaceum* from different altitudes on Hawaii[J]. Funct Ecol, 1993, 7: 623-633.

[191] Williams D G, Mack R N, Black R A. Ecophysiology and growth of introduced *Pennisetum setaceum* on Hawaii: the role of phenotypic

plasticity[J]. Ecology 1995, 76: 1569-1580.

[192] Williams J G K, Kubilek A R, Livak K J, Rafalski A J, Tingey S V. DNA polymorphism amplified by arbitrary primers are useful as genetic markers[J]. Nucl Acids Res, 1990, 18: 6531-6535.

[193] Williamson M, Fitter A. The Varying Success of Invaders [J]. Ecology, 1996, 776: 1661-1666.

[194] Wilson J R U, Yeates A, Schooler S, Julien M H. Rapid response to shoot removal by the invasive wetland plant, alligator weed (*Alternanthera philoxeroides*) [J]. Environ Exp Bot, 2002, 60: 20-25.

[195] Wu C J, Cheng Z Q, Huang X Q, Yin S H, Cao K M, Sun C R. Genetic diversity among and within populations of *Oryza granulata* from Yunnan of China revealed by RAPD and ISSR markers: implication for conservation of the endangered species[J]. Plant Sci, 2004, 167: 35-42.

[196] Xie Y H, Yu D. The significance of lateral roots in phosphorus (P) acquisition of water hyacinth (*Eichhornia crassipes*) [J]. Aquat Bot, 2003, 75: 311-321.

[197] Xie Z W, Ge S, Hong D Y. Preparation of DNA from silica gel dried mini-amount of leaves of *Oryza rufipogen* for RAPD study and total DNA bank construction[J]. Acta Bot Sinica, 1999, 41: 807-812.

[198] Yeh F C, Yang R C, Boyle T. POPGENE, Microsoft Windows-based Freeware for Population Genetic Analysis, Release 1.31 [M]. University of Alberta, Alberta, Canada, 1999.

[199] Yu F, Dong M. Multi-scale distribution pattern of natural ramet population in the rhizomatous herb, *Thermopsis lanceolata*[J]. Acta Bot Sinica, 1999, 41: 1332-1338.

[200] Zhang C F, Peng S B, Peng X X, et al. Response of glutamine synthetase isoforms of nitrogen resource in rice (*Oryza sativa* L.)

roots[J]. Plant Sci, 1997, 125: 163-170.

[201] Zietkewicz E, Rafalski A J, Labuda D. Genome fingerprinting by simple sequence repeat (SSR)-anchored polymerase chain reaction amplification[J]. Genomics, 1994, 20: 176-183.

[202] Ziska L H. The impact of nitrogen supply on the potential response of a noxious, invasive weed, Canada thistle (*Cirsium arvense*) to recent increases in atmospheric carbon dioxide[J]. Physiol Plant, 2003, 119: 105-112.